找出專屬領導風格，
女力帶出好團隊！

給女性主管的成長筆記

Female Leader

A book for women starting out as leaders

谷百合子
Fukaya Yuriko

楓葉社

前言

「我根本沒打算升任管理職，現在究竟該怎麼辦才好……」

「我既沒有領導力，也無法放心將工作交給別人，這個責任對我來說太沉重了……」

你現在是否正受這樣的焦慮感所困擾呢？

本書正是寫給抱持著這種不安與煩惱的你。

我在四十歲那年晉升為課長，第一次擁有屬於自己的下屬。然而，當時的我光是處理自己的事情就已分身乏術，更不用說交代工作給旁人。這導致我的那位下屬說著：「很抱歉沒能幫上您的忙。」最後選擇離開公司；但其實真正未能幫上任何人忙的，正是我自己。想到這裡，內心的不甘與無力感讓我忍不住流下了眼淚。

當時的我，心中想的只有「自己應該成為怎樣的管理層」、「希望別人怎麼看待自己」，總是把焦點放在「自己」身上。然而，在一次次協助那些因失誤而遭其他上司責備的公司年輕夥伴後，我逐漸察覺到自己內在原本就擁有的「領導力」。

當我開始專注於眼前的每一位團隊夥伴與自己的團隊時，那些自然而然湧現的想法與行動，逐漸塑造出我獨有的領導風格。後來，我的團隊夥伴也逐漸認同我，推崇我是個「能激發大家幹勁的人」。

本書中，我將把自己在現場努力摸索、從失敗中學習到的經驗，整理成能夠「從明天起立刻實踐」的具體方法。此外，也會介紹幾位女性先驅領導者的實例分享。

請將本書作為起點，從現在開始一點一滴地付諸行動。隨著成果累積，你將驚喜地發現，自己早已能實現那些曾以為遙不可及的目標。屆時，你所展現的不僅僅是「女性」這個身分，而是專屬於你自己的領導風格，能盡情發揮領導力，並且由衷享受作為「為他人成長感到喜悅」的領導者角色。

現在，讓我們一同打開通往那樣美好未來的大門吧！

二〇二四年五月　深谷百合子

第3章 決定自己能為團隊做的事，並付諸行動

CONTENTS

第4章 「難以交代工作」、「不善向外求援」的解決方式

第5章 贏得團隊信賴的溝通術

序章

咦？我真的適合當主管嗎!?

當有人對你說「希望你升職當主管」時，
你或許會想：
「其實我比較喜歡現在的狀態……
我真的能勝任嗎？」
但其實沒有人一開始就什麼都會；
正是因為相信你做得到，才會推薦你升任領導職。

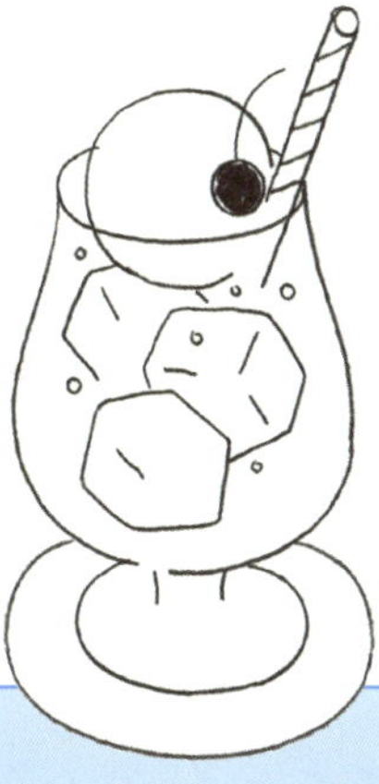

我雖然想被公司認可，但對管理職並不感興趣

「我推薦妳參加這次的升遷考核了，要麻煩妳準備一下相關文件。」

——當坐在隔壁的部長笑著對我這麼說時，我還愣了一下：「咦？是我嗎？」有些不敢置信。

那一年，公司正全面啟動「女性人才強化計畫」。全公司約有二萬三千名員工，卻只有二十一位女性主管。為了改善這樣的現況，公司從職場改革著手，積極推動提升女性擔任領導職的比例。

在對外發行的企業手冊中，也經常看得到「表現優異的女性員工」的特輯報導，那時我也曾在心裡想過：「也許哪天，提拔的人選也會輪到我。」

不過，我是在轉職後才進入這家公司，嚴格來說去除三個月的試用期，我轉正之後才不

到兩年。因此我一直以為，這樣的機會應該還離我很遠。

所以當我被告知自己受到推薦參加升遷考核時，心情其實非常複雜。這樣會不會被說成是公司在偏袒呢？我進入公司的二週後，也有一位男性同事轉職進公司，論能力他明明比我更強，我卻比他先獲得升遷機會，真的好嗎……？

當時我工作的職場幾乎清一色都是男性，而且公司過去幾乎都是錄取應屆畢業生，因此非應屆、中途加入的我，很自然就成了注目的對象。

想必一定有人用「讓我們看看妳有多厲害」的眼光在觀察我吧。為了在這個職場中找出自己的定位，我總是告訴自己：「無論如何，先把工作做到最好，讓大家願意接納我。」可是如果現在只有我一個人被提拔升職，其他人會怎麼看我？會不會因此破壞好不容易建立起來的同事關係呢？這些擔憂在我腦中揮之不去。

更何況，我其實對管理職並沒有興趣。

我當然希望自己的努力能受到公正的評價，但從不覺得「想進入管理層」是我追求的目標。

公司內也有女性部長或事業部主管，我對她們充滿敬意，也覺得她們很厲害，卻同樣從沒想過，哪天我也想成為那樣的人。

我甚至曾經想像過，升上主管後，可能每週都要在會議中被高層緊盯業績數字，計畫沒達成就被狠狠追問……光用想的我就覺得這種日子我可不要。

而且，我其實更習慣、也更喜歡獨自一人默默解決問題的工作方式。中途進公司後的二年裡，部長是我的直屬上司。我在公司內部是一個比較特別的存在，不算是所謂的小主管，而是自己思考工作方式、實際執行任務的「實務負責人」。

我的工作包括直接接受部長的指示製作資料，以及負責跨部門的協調工作——比較像是個「專業的幕後執行者」。

我本身不太擅長委託他人做事，因此也比較喜歡當個執行者。但如果成為主管或領導者，就必須帶人，還得學會分配任務。我完全不知道該怎麼把工作交出去，也害怕要為團隊夥伴的成長或職涯負責。

「如果能一直做現在的工作就好了……」

我一邊看著信箱中部長寄來的升遷考核申請資料，一邊嘆著氣。心情沉重的同時，又無法拒絕部長，更不可能讓推薦我的部長難堪。

如果在面試時不小心表現得太消極而落選，想必也會覺得愧對推薦自己的部長。就算這件事不是自己主動爭取的，如果真的沒通過，也會在心裡留下疙瘩。

在這一連串複雜情緒中，我開始著手準備升遷考核要繳交的文件，第一步便是回顧自己過去的工作內容與成果。

「領導者素質」不必樣樣俱全

升遷考核的文件中有一項，是要自我評估自己的優勢與弱點。

其中列出了七項「領導者應具備的素質」——

包括成就導向、組織導向、顧客導向、未來導向、前瞻思維、概念統整力，以及公平與倫理觀。

每個項目都要依照五個等級：完全具備、大致具備、基本具備、較不擅長、尚未具備，來進行自我評估。

我將自己的「組織導向」和「前瞻思維」評為較不擅長。

因為我一向習慣獨立完成工作，老實說，對於為了配合團隊或組織目標，主動調整自己的步調或做法，實在沒有太大自信。

雖然我還算擅長處理當下的任務和眼前的問題，但如果要我針對未來的變化超前部署、預先布局，我其實擁有的相關經驗並不多。

因此，我很坦白地給了自己「前瞻思維」這一項較低的評價。就連那些我覺得自己還算可以的項目，也沒有一項能打上「完全具備」的高分。

看著這七項領導者素質，我不禁想，難道當領導者真的要全都具備才行嗎？這更讓我陷入對自己能否勝任這個角色的猶豫與不安中。

當我把自我評估表交給部長後，他笑著對我說：「妳也太客氣了吧。」「我會推薦妳，是因為覺得妳每一項都做得很好啊。」他這樣說，還鼓勵我把整體評分稍微往上調整一點。

我接受了部長的建議，將原本標註為「較不擅長」的項目改為「基本具備」；而「基本具備」的項目，也被我修正成了「大致具備」。

看著修正後的自評表，我心裡卻忍不住想：「部長是不是把我看得太好了？」

我對於自己的實務能力其實還算有點信心，只不過轉職進這間快速成長的公司以來，經手的業務內容跟過去截然不同，每天都像是在邊做邊摸索。**我一直想再提升自己的能力，如今卻要同時扛起領導者的角色，這對我來說實在太沉重了。**

從那七項「領導者素質」中描繪出的理想領導者形象，就像是這樣的人——

「不管遇到多大困難，都會全力以赴朝目標邁進，並且不斷思考自己應該怎麼行動；能站在顧客與所有利害關係人的角度，思考彼此的需求，建立雙贏的合作關係；擁有敏銳的觀察力，掌握社會趨勢，描繪出清晰的願景並帶頭往前衝；同時，也能以公正無私的態度看待每一件事、每一個人。」

這看起來簡直像個超級英雄。如果真的有哪個人能把這些特質全都兼顧得恰到好處，當然是很棒的領導者；但是那樣的人，和我之間的落差也太大了吧。

如果現在的我能回頭對當時的自己說句話，我會說：「沒關係，不需要一開始就具備全部的素質。」**有些事，是因為被賦予了那個角色，才慢慢學會、慢慢變得做得到的。**

那些你現在做不到的，不是缺點、而是潛力，是你還能成長的空間。新的角色，會塑造出全新的你。不需要一上場就滿分，只要願意開始，就已經很好了。

第1章

領導者的類型
因人而異

• • •

你之所以被選上，一定有其理由。
不用覺得當上領導者，就非得什麼都做到完美，
也不需要把自己逼得太緊。
沒關係，不是每一樣都要做到才算合格，
可以從自己做得到的地方開始，
一步步發展出屬於自己的領導風格就好。

領導者不一定非得要帶領大家向前衝

當你聽到「領導力」這個詞，腦中會浮現什麼畫面呢？

對我來說，以前想到的就是——「帶頭衝」、「果斷決策」、「提出願景並帶動大家前進」這樣的形象。

舉個有點久遠的例子，就像曾帶領中日、阪神、樂天三支職棒隊伍奪冠的星野仙一總教練一樣，我曾經認為，有領導力的人就應該像他那樣，是個有魄力、能夠團結整個團隊朝目標邁進的熱血領袖。

但說實話，我根本無法成為像星野總教練那樣的人。

我不是那種會大聲說「跟著我走就對了！」的人。那麼，像我這種不是強勢領袖類型的人，要怎麼帶領團隊呢？

為了找出答案，我開始大量閱讀書店裡關於領導力的書。但我讀愈多，只是愈發現自己有哪些地方不足，然後又會想補強這些缺點，再去找更多其他領域的書籍——就這樣不斷重複這個循環。

當時的我，一心想成為大家眼中「理想的領導者」。也時時提醒自己，千萬別變成像以前那些讓我反感的主管那樣——不受下屬信任、讓人敬而遠之的人。

雖然我盡了自己的努力，但總覺得沒能真正把團隊帶起來。每當有夥伴離職，我心裡就會冒出一道聲音：「是不是我哪裡做得不夠好？」

直到升為課長的五年後，這樣的想法才開始產生轉變。那時，我負責帶領一個將近四十人的團隊，當中也包含不少二十歲左右的年輕員工。

而我轉念的契機，正是一場和他們的談話。

有些人因經驗不足而頻頻受挫，也有人在重複性的工作中感到無用武之地。和他們聊過之後，我開始思考——

或許，**不是所有領導者都得衝在最前面，換個角度思考，「從後方推著大家前進」也能把團隊帶往目標。**

於是我決定，先從與夥伴們一對一的對話開始。

深入瞭解團隊夥伴後，我發現自己其實能做的事情比想像中多，尤其是針對某些特定問題，我能提出實際的支持與建議。正因如此，我也一點一滴地找到了屬於自己的領導風格。

此時此刻，你心中有理想中的領導者形象嗎？那個形象又是從哪裡來的呢？

其實，**比起「我想成為怎樣的領導者」，更重要的是換個角度思考：「為了團隊，我可以做些什麼？」**

為什麼這樣說呢？

因為當你心裡想著「我想成為怎樣的領導者」時，注意力其實還是放在自己身上。想成為「大家眼中的理想領導者」，說穿了就是「希望自己受到稱讚與認同」。

又或者，過去那些讓人失望的主管成了你的反面教材，讓你不由得暗自心想：「我可不想成為那種遭部下討厭、私下受議論的上司。」

說到底，這些想法還是把焦點放在「自己怎麼被看待」上。

但當我轉念，開始思考「為了這個團隊，我現在能做些什麼」的時候，我發現自己該做的事反而變得清楚起來。正是這樣的想法累積，慢慢形塑出屬於我自己的領導風格。

我們其實不需要受「領導者應該是什麼樣子」的既定印象綁住。你該採取什麼方式、建立怎樣的風格，其實是你和團隊夥伴一起相處、一起經歷後，自然會形成的。

Tips

從「為了團隊，我可以做些什麼？」為出發點思考。

試著瞭解一下自己被選為領導者的理由

我們常以為最瞭解自己的人就是自己，但事實上，有許多盲點是難以察覺的。那些看似平凡、自己不以為意的事情，在他人眼中卻可能是難能可貴的優點。

因此，**瞭解自己被選為領導者的原因，正是一個重新認識自身價值的好機會。**

我第一次體會到這件事，是在轉職找工作的期間。

那時我從事的是原本就不太容易有職缺的工作，加上年齡已經三十七歲，要轉換跑道並不容易。即使好不容易看到接近理想的職缺，也常常在書面審查時就被刷掉……這樣的情況重複了好幾次。

直到第一次終於順利進入面試關卡時，我心裡開始想：「這家公司到底是看上我哪一點呢？」

於是，在面試快結束、對方問我「有沒有什麼想提問的？」時，我鼓起勇氣問了一句：

「我之前一直在書面審查的階段就被淘汰，所以對於這次能有機會來面試，真的非常感謝。不曉得方不方便請您告訴我，是什麼原因讓您決定邀請我來面試呢？」

我想，如果對方願意見我一面，代表我身上一定有某些「值得一試」的地方，那說不定就是我日後可以強化的特點。

「我的優點是什麼？」這種問題，就算是對家人都很難開口吧？老實說，問起來真的有點不好意思。

但我心想，即使這次面試沒通過，至少我也能得到一些對下一次面試有幫助的線索。

那位面試官很親切地回答：「看了您的資歷和所持有的證照後，我對您產生了興趣，想進一步瞭解。畢竟很多事還是要實際見面聊過才知道。」

接著，他還提到我幾個值得肯定的優點。雖然聽了有點不好意思，但我真心覺得，還好我有問出口。

部長要我參加晉升課長的升遷考核時，我心裡還覺得一定是部長高估我了。但他也直接向我說明了推薦我的理由。

例如，我一直以為自己是那種習慣獨自完成工作、不太與他人互動的類型；部長卻說：「有新進員工加入時，妳會準備好教材，也很細心地照顧他們；而且妳也能和其他部門的人建立良好關係，順利推進工作。妳其實比自己以為的，更擅長與人合作喔。」

聽到別人稱讚自己的優點，我們總會覺得有點不好意思。不過，請試著不去否定，先接受對方的話。

如果對方只說「因為你很照顧人啊」這種比較模糊的回應，也不妨追問：「方便舉個例子嗎？是從什麼事情上覺得我這方面做得好呢？」請對方具體說明，就能更清楚知道原來自己的這方面受到肯定，也更容易產生認同感。

你被選中，一定是因為有值得肯定的理由。

我在之後成為推薦他人晉升的主管後，自己也深有體會。公司不會因為「輪到你了」、「年資夠了」、「是男生／女生」這些理由來做決定，一定是基於平時的表現、個人特質等具體理由才做出這樣的選擇。

所以，請不要客氣，主動詢問「為什麼我會被選上」或「主管覺得我哪方面做得好」這些問題，主管應該很樂意告訴你原因。當然，也別忘了好好表達、感謝對方那份願意信任你、肯定你的心意。

Tips

主動請教他人，在對方眼中你的優點是什麼。

「如果那時接受升遷……」──有些女性也這樣後悔過

在物流相關公司任職的Y小姐，是一位舉止沉穩的五十多歲女性。她回憶道：「從二十歲後半到三十歲這段期間，當工作漸漸上手、能獨立作業後，每天都覺得工作好有趣。」那段日子，她全心投入工作中，即使忙到連電話都沒空放下，也因為能看到成果而深感成就感與工作意義。

然而她說：「有件事，至今還是讓我感到遺憾。」

在Y小姐三十歲出頭時，曾獲得參加課長升遷考核的機會。然而，當時的她內心猶豫不決。

「我當時總覺得自己還太年輕，現在就升課長是不是太早了點？雖然還是照上司的指示參加了考核，但我的猶豫不決或許透露在了面試之中，最後沒有通過。」

第一次的失利讓她十分沮喪；而再試一次的機會，也隨著推薦她的主管調職，不了了之。

進入四十歲之後，雖然也曾有主管願意再次推薦她參加升遷考核，但同一職位上已由同為四十歲左右的男性擔任，沒有多餘的職缺，連報考的機會都沒有。

「從三十歲一路到現在，我的工作始終停留在『一般職員』的階段。雖然因為資歷深，也常協助處理管理職的工作內容，但總覺得實際工作內容與職稱不對等。有時面對客戶，也無法用對等的態度溝通。即使對方是年紀相仿甚至比我年輕，看到我沒有管理職頭銜，也不怎麼把我當回事。年輕時真的想不到這些差異。同期進公司的男性，如今早已升到部長了呢。」

Y小姐說這段話時，臉上流露出些許不甘與淡淡的無奈。

「很多人說，升上管理職後工時更長、沒有加班費，實在吃力不討好。但我認為，這樣的情況不會一直持續下去。除了金錢報酬之外，工作的性質也會深深影響一個人的動力——只是照指令行事，和能主動規劃、做出決策時，整個心境是截然不同的。

如果當年參加升遷考核時，我能放下『還為時尚早』的想法，多做一點準備，也許現在的結果會有所不同。二十幾歲到三十幾歲，是累積實務經驗的黃金時期；之後再轉向擔任管理職、進行後方支援，或許才是最理想的職涯路徑。」

現在，Y小姐負責的是與公司經營數據相關的重要工作。雖然仍有不少新事物需要學習，但她說自己依然從中感受到挑戰與成就感。

最後，Y小姐也想對那些和二十年前的她一樣，還在猶豫「是不是太早升職」的人送上一段話：

「**不妨抱著『能升上管理職就算賺到了』的輕鬆心情來看待這件事，別太有壓力。**實力會隨著經驗慢慢累積起來。稍微冒險一下，說不定正是最剛好的時機呢。」

Tips

把握好每一次機會與時機。

當角色改變，「弱點」也能變成「優勢」

有時，我們自認為的「優勢」，在他人眼中卻只是「自以為是」；相反地，過去視為「弱點」的部分，也可能隨著角色改變而轉化為強項。

K小姐在IT相關企業負責總務、人事招募與新人培訓工作，但其原本是以系統工程師的身分進公司的。當時，她主要負責專案的系統設計、開發、測試與交件，從頭到尾參與專案流程，並執行程式撰寫與問題排解等工作。

然而，這類需要專注完成自己分內工作的模式，並不是她擅長的節奏。

「工作時，我總會不自覺地注意到周圍人的狀態，比如『這位同事最近好像有點沒精神』等細節。當時我一直覺得，這樣容易分心的特質是自己的弱點。」

第一次育嬰假結束後，K小姐採取短時間工時制的工作模式重返職場，工作方式也有所改變。她不再像過去那樣從頭參與單一專案，而是以協助的形式，投入到公司內多項進行中的專案，支援人力不足的部分。

在與各個專案團隊及夥伴合作的過程中，她漸漸察覺，比起獨立完成一項專案的所有任務，自己似乎更喜歡與各種人交流，和他人一起合作推進工作的方式。

第二次育嬰假結束回到職場後，K小姐主動向上司表達了這個想法：「我覺得自己比較喜歡與人互動、參與多元合作的工作。」

剛好當時總務部正在徵人，主管便提議她轉調：「不如去做招募相關的工作看看吧？對人不感興趣的話，是無法勝任那份工作的。」

轉任總務部後，K小姐負責新進人員招募與新人教育，並在與實習生互動的過程中，開始對自己的看法產生轉變。

當系統工程師時，她認為「容易注意周圍人的小細節，難以專注於一件事」是自己的弱點。但到了需要與人密切互動的招募與教育現場後，這樣的特質反而成為她的強項。

「實習時，我會一邊與十多位學生工作，一邊觀察：誰在哪方面比較拿手？誰又在哪裡卡住了？誰可能比較適合我們公司？然後針對每個人給予不同的引導和鼓勵。有好幾次，學生因此決定加入我們公司，甚至獲得內定。那種成就感讓我覺得非常有意義。」

所謂「優勢」與「弱點」，其實就像硬幣的正反兩面。**那些你曾視為弱點的特質，只要角色或情境不同，就可能發揮出完全不同的價值**。重要的是，不要急著否定自己的弱點，也不必一味地試圖克服它。與其這樣，不如試著思考：「我能怎麼活用它？」

Tips

思考如何將弱點轉為優勢。

用「兩者兼得」的思維，就能找到解決辦法

我們常聽人說：「魚與熊掌，不可兼得。」但這句話真的正確嗎？

現實生活中，其實不乏這樣的人——課業表現頂尖、運動能力出眾，甚至能代表學校參加全國比賽；或是在職場上表現傑出，同時在私底下的興趣領域也達到接近專家的水準。有些人不只擅長二件事，根本是同時駕馭三、四個領域，讓人驚嘆不已。

你身邊是否也有這種讓人忍不住想問：「他到底怎麼有辦法什麼都做得這麼好？」的人？但接著，你或許也會這麼想：

「那是因為他本來就很特別吧。」

「他一定天生就有那方面的天分。」

如果腦中浮現了這些念頭，其實就代表你的思考已經「停擺」了。

當你對自己說「因為○○，所以我做不到」時，往往就真的做不到了。因為這樣的想法，等於一開始就預設了「做不到」是理所當然。與其說是在找理由，不如說是在幫自己「不去行動」找藉口。如果因此就放棄所有可能性，那就太可惜了。

與其陷入「○○和△△只能選一個」的二選一，不如反過來想：「○○跟△△，我都想要！」人生只有一次，為什麼不能多貪心一點？

我相信，魚與熊掌是可以兼得的。

關鍵在於，你是否願意不斷問自己——**「如果真的能做到，我該怎麼做？」「要讓這件事成真，有什麼方法？」「為了實現這個目標，我可以先從哪裡開始？」**

當你開始這樣思考，實現夢想的方式就會一點一滴浮現出來。

我曾看過一部介紹大聯盟球星大谷翔平的紀錄片。

說到大谷翔平，大家都知道他是「投打二刀流」，而且不論投球還是打擊，水準都高得驚人。雖然可以以一句「因為他有天分」簡單總結，但我覺得那部紀錄片中提到的許多話語，其實隱藏著許多「如何兩者兼得」的啟示。

大谷翔平曾說過：「當初成為職業球員時，我不想在投手和打者之間做選擇。兩個都做，才能享受到二倍的樂趣。」

他的父親是一位棒球教練，在大谷選手還小時就經常對他說：「如果想讓自己打得開心，就要去思考怎麼做會更有趣。」因此對於做不到的事，他不會一直煩惱：「為什麼我做不到？」而是換個角度思考：「要怎麼做才有可能做到？」即使表現不佳、感到沮喪時，他也不會輕易否定自己，而是持續自問：「為了變更強，我還能做些什麼？」

當你用這樣的角度去看事情時，自然會開始冒出一些具體的行動點子，例如：「試著去請教那些做得好的人。」

事實上，大谷選手在剛赴美加入大聯盟時，曾因成績不理想陷入低潮。他當時便主動拜訪已在大聯盟大放異彩的鈴木一朗，向他請教，進而找到了突破困境的契機。

一旦你開始問自己：「要怎麼做才能辦到？」這樣的思考其實就已經預設「我做得到」了。即使你想到的只是一個小小的行動，也會是邁向成功的第一步。

因此，若你現在對於「成為領導者」感到有點排斥或擔憂，覺得「會不會因此犧牲掉私人生活……」，那麼你很可能正處於「只能從工作和生活中選一個」的二選一思維。

與其在「犧牲哪一方」之間掙扎，不如換個角度問自己：「要怎麼做才能兩者都享受？」「如何讓工作和生活都充實？」「怎樣才能兩邊都順利進行？」

大谷選手曾在節目中說──「有這麼多事情要做，其實是很幸福的一件事。」

我覺得這句話說得非常好。的確，事情一多，壓力也會變大，但從人生整體來看，這種「忙得不可開交」的階段，其實是非常有限、也非常寶貴的時光。

與其站在「二選一」、「只能放棄其中一邊」的立場看事情，不如改為「該怎麼做才能實現兩者兼得」的思維。這樣一來，你的快樂可能會變成二倍、甚至三倍。

Tips

將目光聚焦在「該怎麼做才能辦到？」上，點子就會自然而然地浮現。

同時兼顧育兒、照護或進修，也能成為稱職的領導者

很多人可能會抱持著成為領導者後，就必須常常加班的印象。的確，我當上課長後，不只加班時間變多，連假日也常有會議或研習。有些部門甚至會為了準備週一早上的經營會議，而在週末加班製作資料。

我自己以前也慣性長時間工作，但現在回想起來，其實當時做了很多「不需要做」的事。

當工作加班到很晚時，常常會不自覺去關注在未完成的事上，這件事也一起做、那件事也處理一下，結果反而讓自己不斷增加工作量。那時的我並不習慣將事情交給旁人做，因為在我看來，這都是一些只要花時間就能自己完成的事情；但現在回頭想想，這樣的做法其實效率非常差。

例如，以短時間工時制工作、同時帶小孩的人，因為得在有限的時間內完成工作，往往工作效率很高。

Y小姐就職於某家電信公司，育嬰假結束後，便以一天六小時的短時間工時制工作方式重返職場。下班後，她得馬上趕去保育園接小孩。為了能在六小時內創造成果，她實行了二項策略——

一是「與工作上接觸的對象建立良好關係」，二是「停止做那些其實不需要做的工作」。

當時，Y小姐所在的部門，負責向管轄的35個單位發布指令。過去她經常不顧第一線的實際情況，採取自上而下的方式直接下達命令。

不過在復職之後，她開始改變做法，先瞭解第一線的狀況，例如主動詢問：「現在請你們協助這件事，會不會增加太多負擔？」這種設身處地的態度，也讓第一線同仁的反應出現轉變。

在建立起良好的互信關係後，不僅讓工作推進更順利，就算她因為孩子臨時需要請早退，第一線同仁也會主動提供支援。

此外，Y小姐也重新審視了從自己的前任負責人那裡接手的工作流程。

前任負責人每個月大約都要加班二十至三十小時，交接時還提醒她「這工作十分辛苦」。接下工作之後，Y小姐仔細檢視了工作內容，質疑：「為什麼要用這種做法？」「這些事情真的有必要做嗎？」並果斷捨棄那些「其實可以不做的事」。結果，她在完全不加班的情況下，依然創造出與前手相同的成績。

在有限的時間內完成工作，就必須提升生產力。**提高生產力的關鍵，不是「全力衝刺、拚命硬幹」，而是「果斷停止那些不必做的事」。**

今後會有更多不同的工作型態，得在有限時間完成工作的人，將不只是正在育兒或照護的人，也包含回學校進修、參加志工活動等，每個人下班後的時間安排會愈來愈多元。

我自己也曾在不加班的狀態下就讀大學夜間部，同時兼顧工作與學業長達三年。幸好公司和主管給予充分的理解與支持，而我也會主動設想各種狀況，提前處理突發工作，並果斷捨棄「現在不做也沒關係」的事，盡量在時間內完成所有事情。

對團隊夥伴來說，與其跟著一位總是拖到很晚才下班的主管，不如跟著一位懂得在工作時間內收工、節奏明快的主管工作，應該會更開心。

面對未來愈來愈多元的工作方式，我認為，就算是處在正在育兒、家庭照護、進修等不同人生處境的人，都能成為稱職的領導者。

Tips

果斷捨棄「不做也沒關係的事」。

為他人發聲

K小姐現任某土木工程公司的專務董事。她是在三十二歲那年以會計部實習員工的身分進入公司，當時全公司只有二十名員工，其中唯一的女性就是她。

進入公司二年又七個月時，有一天她突然被社長告知，自己從明天起就是課長了。她從沒想過會升上課長，也沒打算爭取這個職位，但隔天還是依照社長的話，正式就任課長。

之後，她一邊積極取得與營建業相關的專業證照，並在三十八歲那年升為會計部部長。

三年半後，當時的專務董事找她商量：「能請妳陪同參加一場面試嗎？」她原以為是招募新的會計職員，沒想到走進會議室的，卻是一位表示想成為工地監工的女性。

「那位女性說，她在目前任職的建設公司協助過工地作業，當時與團隊一起完成工程的成就感讓她難以忘懷，因此下定決心想成為一名現場監工。」

K小姐對她的誠意留下很好的印象，但也清楚知道協助工地工作與實際負責指揮現場是兩回事。

因此她問對方：「妳真的能在幾乎都是男性的工地工作嗎？身為女性，妳在這份工作中沒有任何優勢，妳確定還是想做嗎？」即使如此，對方仍毫不猶豫地回答：「我想做。」

面試結束後，K小姐請求專務董事：「我不知道她是否真的能勝任現場監工的工作，但若要在這個地區實現她的夢想，我想我們公司是唯一的機會。請您一定要錄取她。」最終，這位女性如願以償錄取成為公司的一名監工。

K小姐說：「正因為我當時已經是部長，才有機會支持她的夢想。那一刻我深刻體會到，身為管理職，能為別人發聲，是件多麼有價值的事。」

聽了K小姐的故事後，有不少人因此對「管理職」這個角色改觀。

S小姐在一家電子材料製造商任職，原本認為管理職的職責就是「瞭解下屬的工作內容、整合進度，負責管理與監督」。

但現在，她的想法變了——「管理職其實是一個可以對他人產生正面影響的角色。我想成為那種會關心同事幸福、並且支持他們實現理想的管理者。」

另外，在一家化學製品公司任職的H小姐與A小姐，也開始思考：「我們能為改善工作環境做些什麼？」於是進行了一次員工訪談，過程中發現部門裡有不少資深的女性員工，長年在相同職位上默默耕耘。

H小姐說：「這些同事都說：『現在才升遷好像也沒必要了……』但我認為她們其實還能展現更多能力，真的希望她們能繼續往上爬。」

A小姐則說：「透過這次訪談，我腦中浮現了許多可以讓公司變得更好的點子。」曾經的她認為管理職就是「責任大、壓力多」的辛苦職務，但現在她的想法變成：「如果真的想推動改變，成為管理職反而是更有影響力的位置，也更能為他人付出。」

第2章

回到基本功，
從認識自己的團隊夥伴開始

• • •

首先，請先將目光放回你的團隊夥伴身上。
他們在想什麼？正在為什麼煩惱？
又希望自己成為怎樣的人？
當你開始理解這些後，
心中自然會浮現出「來試試這麼做吧」的
想法與行動靈感。

從傾聽對方的話開始

一提到領導者，你或許會聯想到「提出願景的人」。

當有人描繪出令人振奮的願景時，大家自然會產生「我也想跟隨他一起努力」的念頭。

你是否也曾因此而感到壓力，覺得自己也必須提出一個宏大明確的願景才行？

又或者，你時常思考：「這樣做不是更好嗎？」而將擔任管理職視為實現這些想法的契機，懷抱正面期待地走上領導之路。

說出「我們的目標是這個！」的姿態固然帥氣，但如果只是單方面宣示，最終可能會流於獨斷。請記住，團隊的願景不是領導者「個人」的願景，而是「整個團隊」的共同目標。

因此，**最重要的不是依照自己的想法拍板定案，而是要先瞭解每位夥伴在想什麼。**

我過去身為下屬時，也常常心想：「明明這樣做會更好，為什麼要照那樣的方針走？」因此當我升為管理職後，便懷著「想改善現狀」的強烈願望，積極提出自己的想法，試圖打造一個理想團隊。

舉凡我希望團隊能「更願意互相協助、共同學習」，於是開始導入一些新制度，並重新檢視過去的工作方式，推動改變。

然而，事情並不如預期。我的熱情彷彿打水漂，無法推動整個團隊前進。

我管理的夥伴們真實的心聲是：「雖然我們理解妳的想法和理念，但為此又要增加新的工作量，實在不想做。」

結果，我變成了對大家來說「熱血過頭、造成下屬困擾的領導者」。會變成這樣，正是因為我在沒有聆聽大家想法的情況下，僅憑自己的熱情就單方面推動改革。

我常找的髮型設計師，也跟我聊過類似的事情。

她任職的美髮沙龍，創辦人抱持著「讓每位設計師將來都能獨立開店」的理念，總是以

「專業人士」的態度對待員工，而非單純的「公司職員」。也因此，他們的工作方式、進度安排都相當自主。

但當公司換了新社長之後，一切方針都變了。連工作日誌的書寫方式都被明文規定，大小細節都有明確規則。

新社長必定是有自己的一套考量和經營觀，但問題是，在未經充分溝通的情況下突然改變做法，導致員工難以認同。包括我的設計師朋友在內，有幾位員工都選擇了離職。

她說：「我知道換了經營者，公司方針也會轉變，**但還是希望在改變前能多聽聽我們這些第一線工作者的聲音。**」聽她這麼說，我也回想起自己曾經犯過的錯。

成為領導者，並不代表你得扛起所有責任，也不代表願景必須由你一人來決定。即便是為了呼應公司或部門的整體願景，也不該只是「因為上面這樣說，我們就照做吧」。那樣只會讓夥伴覺得是在「被迫執行」，而不是一起參與。

我再強調一次：**最重要的，是傾聽。**

因此，當我之後又接下一個團隊時，我學會從傾聽每一位夥伴的聲音開始。

當我一一詢問：「你最近遇到什麼困難？」「你未來希望成為怎樣的自己？」並瞭解大家的想法後，共同前進的方向自然便清晰起來。

因此，請別獨自煩惱。從身邊人的聲音開始聽起，就會找到前進的線索。

Tips

願景，是與團隊夥伴對話後共同打造出來的。

停止那些覺得毫無意義的工作

前一篇我們談到了與團隊每位夥伴對話的重要性。這不只適用於不太熟悉的夥伴，即使是已經長期共事、很瞭解的人，也應該刻意安排時間，一對一地進行交談。

不過，這樣的對話不需要像正式面談那樣拘謹，建議用輕鬆隨性的方式開始，以一些小主題向對方請教。**你可以從「最近有什麼困擾的地方嗎？」、「有沒有讓你抱有疑慮之處呢？」這些問題切入。**因為大多數人其實很難直接回答「你未來想成為怎樣的人？」或「你想要怎麼做？」這類問題。

許多人甚至也很難將對日常工作的疑慮或困惑，當面坦白說出來。因此，我會先將自己平時心中產生的疑問或覺得不對勁處整理出來，當作對話的開場白。

例如我會問：「這為什麼要這樣做呢？我個人覺得好像沒什麼必要……」對方也就比較好順著我的話語傾訴：「其實我也一直這麼覺得耶。」

這樣的對話持續進行下去，就會聽到更具體的聲音，例如：「我們每天都要列印工作日報，但其實用電腦資料就能看了，只是為了蓋章才列印，真的有需要嗎？」

我會將這些從對話中聽到的困擾或抱有疑慮之處整理成清單，然後分享給全體夥伴，說：「大家有提到這些意見，如果有想補充的，請再告訴我。」

接著，我會和大家一起到現場實地查看、瞭解實際狀況。因為有些工作真的如大家所說是浪費時間，但也有些工作雖然大家都覺得多餘，實際上卻是必要的。

即使是後者，我也不會只是說「這個還是得做」，而是會先聽大家為什麼覺得沒必要，然後再說明自己的想法。

當我們真的停掉那些全體都覺得無意義的工作時，就會釋出原本花在那上面的時間。這些時間可以重新分配，投入在改善工作流程或促進團隊成長上。

因為已經減少了一些舊有工作量，即使開始進行新計畫，團隊夥伴也不會覺得只是單純的工作變繁重了。

現今，隨著IT技術的發展和工作環境的數位轉型，許多過去必要的事情實則已經變得可有可無。然而，那些因慣性而持續執行的例行公事，執行者本人其實很難察覺。

作為新任領導者，**你正好擁有「局外人」的視角，不妨善用這個優勢，隨口問問：「我很好奇，為什麼這件事要這樣做呢？」**

這樣的提問，或許也會成為你建立自己領導風格的起點。

Tips

在開始新事物之前，先捨去不必要的工作。

與團隊夥伴共同解決大家默默忍耐的問題

即使你已經很用心傾聽每個人的困擾或疑慮，還是可能有一些潛藏的問題沒能被發現。這些潛藏在深處「令人困擾的問題」，之所以浮不上檯面，可能是當事人自己也還沒察覺，亦或者一開始就覺得「本來就是這樣」，而根本沒將之視為問題。

我曾經負責管理一個檢修工廠設備的團隊。有一次，我跟某位夥伴一起到現場巡查時，他突然說：「我去拿一下梯子。」便走到稍遠的地方去搬梯子過來。

他告訴我，我們即將檢修的設備位在高處，不拿梯子就無法接近，而那個設備每二週就要檢修一次。

我問他：「你每次都要這樣搬梯子來？」他回答：「對啊。」

「如果裝個樓梯或固定梯子，不就不用每次都搬了嗎？」聽我這麼一說，他驚訝地問我：「咦？可以這樣做嗎？」

當然，設置樓梯或固定梯子需要費用，也需要公司批准。不過，在還沒提出申請前，他就先入為主認為應該做不到，還沒嘗試便放棄了。

這類「平常默默忍耐著」的情況，其實只要仔細觀察，就會發現還不少。

一位在ＩＴ業界工作的專案負責人，就曾經試著詢問駐點在客戶現場的團隊夥伴，收集那些「其實有點不太方便」、「其實有點不太舒服」，但一直忍著沒說的情況。

結果收到了「外套老是從椅背滑下來，拖在地上弄髒」、「每天只能吃冰冷的便當」這類回饋，於是他把原本放資料的置物櫃改造成個人置物櫃，還添購了微波爐，夥伴們都非常開心。

像這種略感不便、多少有點困擾的情況，人一旦習慣，常常就默默接受、從而妥協。

但這些**小小的不滿如果一直累積，最後也可能演變成更大的問題，甚至影響大家對工作的熱情與投入。**所以，只要你覺得：「這樣做不是會更好嗎？」就請積極地跟夥伴分享你的觀察，並引導他們把這些問題當作改善提案來處理。

就像前面提到的「每次都得搬梯子去檢修」這件事，我當時便請那位夥伴主動著手提出改善方案。他負責規劃適合設置樓梯的位置、聯絡施工廠商取得報價、撰寫申請文件，從提案到施工完成，全程由他一手處理。

除此之外，像是「這樣做可以提升效率」或「能讓作業更安全」的建議，我也都是讓提出想法者來擔任主導角色，從構思改善方案到實際執行，都交由他們負責。

在製造業，這類改善行動會被視為具體的達成成果。而這樣的做法一旦開始推動，團隊夥伴也會逐漸習慣主動發表意見，提出更多有建設性的建議。

其實在日常生活或工作中，潛藏的困擾往往比自己想像得還要多。雖然不可能解決所有不便與不滿，但最重要的是**營造出一種「有什麼都可以說出來」的氛圍**。

Tips

將「改善小小不滿」的行動，正式納入工作內容來執行。

用自己的眼睛、耳朵與雙腳深入現場

除了傾聽團隊夥伴的想法與經驗之外，也別忘了親自動身，用自己的眼睛、耳朵和雙腳實地走一趟現場。

對我來說，「現場」是工廠及其周邊地區；但對你來說，現場可能是門市、客戶端，甚至是其他業務現場。雖然不是每個人都能經常親訪現場，但其實還是有很多方式可以掌握第一手資訊。舉例來說，可以找機會與在現場工作的人多聊聊，或是在出差時順便請對方「讓我稍微看一下現場情況」。

即使無法親自到場，也可以透過收集現場資訊來瞭解「那裡有什麼、正在發生什麼」。關鍵在於，**不只是依賴別人提供的訊息，而是自己也要主動去掌握「事實」。**

因為，所謂的「有困擾」、「覺得奇怪」、「很浪費」等等意見，終究是別人的看法，而你自己是否在相同情況下也會這樣覺得，仍需要親自確認後才能知道。

我曾聽一位團隊夥伴說：「這台機器的溫度其實在螢幕上就看得到，應該不用特別跑去現場看溫度計。」但實際上，螢幕顯示的數值不見得百分之百準確，有些情況非得親自到現場才看得出來。於是我和他一起走了一趟現場，確認溫度計的安裝位置，並比對螢幕數值與實際溫度之間的落差。如此，當我說明為什麼還需要人工確認時，他也能理解並接受。

我也曾經和一位反映「那個地方真的很難做事」的夥伴，一起爬進天花板內部工作。**一起走現場、一起流汗的經驗，成為我們之間建立信任的重要基礎。**

尤其是在中國工作時，當地同事曾跟我說：「只坐在辦公室下指令的人根本不瞭解現場，但妳是真的熟現場的人，讓我們很放心。當然啦，也代表我們沒辦法渾水摸魚（笑）。」

不要只接受別人剪輯過的資訊，盡可能去收集「真實、原始的訊息」。這是成為一位值得信賴的領導者的第一步。

Tips

主動出擊，去掌握「真實現場的資訊」。

透過回答問題，瞭解夥伴在意的事

身為主管，必須引導團隊、教導下屬工作方法並協助夥伴成長，卻不太擅長教人……你是否抱有這樣的煩惱呢？

當你覺得自己「不擅長教人」時，很多時候是因為心裡有壓力，認為「一定要把正確的東西教給對方」。

不過，其實你不需要強迫自己擺出一副「我就是領導者、我得教會你」的姿態，不妨換個角度，**將自己定位為「回答下屬問題的人」會更自然一些。**

這裡最推薦的方式，就是分享自己的經驗。而且比起光鮮亮麗的成功經驗，那些跌過跤、出過包的經驗更值得分享。

有些人可能會擔心，將自己的失敗經驗說出來，會不會讓人覺得這個主管不夠專業，甚至會不受到尊重。但其實往往剛好相反，團隊夥伴反而會因為發現「原來你也有過這樣的經歷」而更安心，也更願意打開心房。

如同第一章第二十六頁所說，能擔任領導者絕非偶然，背後必然有值得信賴的理由。因此，你完全可以對自己的身分與責任抱持信心。

當然，如果你在分享經驗時，著重在「如何克服失敗」，聽起來就會像是老王賣瓜、自賣自誇。比較好的方式可以這樣說：「那次真的讓我備受挫折，整個人低落了好幾天。」「我有一次被客戶點名換人，當下真的不知道該怎麼面對。」**聚焦在當時的情況或自己的感受。記得不要講太多，留點空白給對方開口。**

當你這麼說了，對方可能會接著問：「那你後來怎麼辦？」或是「你是怎麼調適過來的？」這時便能自然而然地向對方分享經驗。

從對方問的問題裡，也能看出他們真正關心的是什麼。

比方說，有的夥伴常常問跟技能相關的問題，代表他可能比較在意工作能力；也有人會比較關注心理層面的事，像是壓力、情緒調適等等。透過這些對話，你就能逐漸掌握每個人關注的焦點。

有時候，你可能只是做了一件很自然的事，對方卻會問：「你剛剛是怎麼做的？」這時就是最棒的「輕鬆教學時刻」。不一定非得是跟工作有關的事，生活上的小事也可以。對方問了，你就順勢教他一下，對方有沒有馬上學會其實並不重要。

重要的是，你和夥伴之間有了「連結」。

透過這些互動就能察覺「原來他對這個領域特別感興趣」或「原來他的目標是朝那個方向努力」，這種交流本身就已極具意義，也有助於你更深入瞭解團隊夥伴的動機與期待。

藉此，你也能對於「教導別人」這件事愈來愈有信心。

Tips

用「回答問題」的方式，建立彼此的連結。

主動詢問，挖掘每個人的強項

有些人可能跟我有一樣的煩惱——不太習慣向別人求助。

即使心裡知道，身為主管應該適度授權、讓團隊夥伴分擔工作，但實際上還是常常不自覺攬下事情，想著「這點小事我自己處理就好」。這種現狀的背後，往往藏著一種不想造成別人困擾、甚至擔心被討厭的心理。

我也曾經因此對這樣的自己感到無力，就算明知需要調整心態，卻很難馬上改變。

後來我換個角度思考——不是我不願意依賴他人，而是我不習慣這麼做。既然如此，那就**培養這樣的習慣就好。**

於是我開始積極累積「拜託別人」的經驗，請教一些簡單的事情，比如電腦操作、手機APP的使用方法，這類小事的門檻比較低。即便我其實知道只要上網查一下可能也能解決，還是會先試著問問看：「你知道這個要怎麼弄嗎？」

如果剛好是對方擅長的領域，開口請教便會自然許多。像是我曾經問擅長Excel的同事：「我想自動整理出這種統計，有什麼合適的設定嗎？」

對方如果回答：「可以啊，要不要我幫你設一下？」我就能很坦率地請他協助。

有時從日常的工作報告中，也可以發現團隊夥伴的專長。舉例來說，有次某台機器故障，我原本想說應該只能請廠商來修，沒想到其中一位同事自己就把問題排除了。以前我可能只會說聲「謝謝你處理」，但這次我進一步問他：「你是怎麼修好的？從什麼地方著手呢？」

因為我主動詢問，他便向我詳細說明起整個處理過程。從這些對話中，我發現有些人觀察敏銳、有些人則擅長臨場應變，這些都是各自的強項。

你的團隊夥伴也都擁有各自的強項。有人在視覺美感上特別出色，擅長配色與設計；有人對數字敏銳，資料輸入快速又準確；也有人擅長整理會議重點，具備良好的統整與表達能力。

即使夥伴本人不一定意識到這些優勢，只要你**察覺「這件事他做得特別好」、「這個人處理這類任務特別有一套」，就值得即時記錄下來。**

建議你為每位團隊夥伴建立一份「個人強項清單」，不僅包含與工作直接相關的技能，也可以納入日常互動中觀察到的特質與興趣。當你掌握了每個人的專長，就更容易自然地開口說：「這項工作我覺得你會做得很好，能不能協助看看？」

這樣的對話，不只是實際的委派，更是一種信任的表現。透過一次次小小的請託與合作，你會逐漸建立起一套穩定的分工基礎。

如果你對「交辦工作」感到不自在，不妨就從瞭解每位夥伴擅長的領域開始，從簡單的事務著手練習請求協助，培養出更靈活有效的團隊協作模式。

Tips

建立夥伴的「個人強項清單」。

若遇到難以親近的夥伴，試著換個視角重新看待對方

工作中，是否曾有讓你覺得「不知道為什麼，就是不太喜歡那個人」的情況？對方可能與自己想法不同，或是說話總是搭不上調，讓你不太想主動靠近。

但若對方是自己團隊的一員，就無法一概迴避。此時，可以嘗試心理學中一種常用於改善人際關係的技巧——「調換位置」。

這是一種將自己與對方的「位置（立場）」對調，試著站在對方的角度思考的練習。不只是腦中想像對方的感受，而是**透過實際變換你所站（或坐）的位置，完全進入對方的角色。**

你也可以想像成暫時摘下自己的眼鏡，戴上對方的眼鏡，去看看他所看到的世界。

■調換位置■

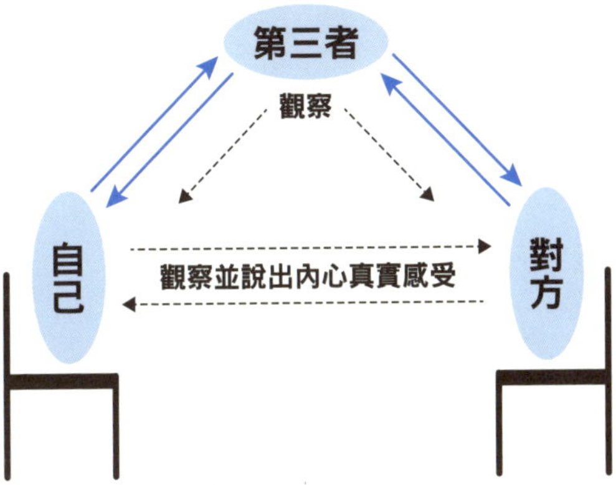

我在中國工作時，曾與一位同事的關係出現摩擦。當時，我便透過這個方法，發現自己內心存在的一些偏見與成見。調整了自己的應對方式後，我們的關係也有了明顯改善。

這個方法非常簡單，如上圖所示，只需設定三個位置即可。

首先，請想像自己正面對那位「有點難以親近，但又希望改善關係」的對象。

對方此刻的表情是什麼模樣呢？請仔細想像，彷彿對方真的站在你的面前。然後，把你對他的真實想法、糾結與情緒，用語言說出來，不用壓抑。

接著，試著從自己身上「抽離」，移動到代

表「第三者」的位子上。這一步移動非常關鍵，請務必實際換個位置。然後用客觀角度觀察「自己」與「對方」之間的關係，並說出你的觀察結果：「雙方目前的狀態如何？」「剛才你對對方說的話，從旁觀者角度來看有什麼感覺？」

接下來，請移動到「對方」的位置上，試著完全進入對方的角色。然後觀察「自己（你）」現在在對面，臉上的表情是什麼樣子。

觀察完後，回想你剛剛對他說了什麼。身為「對方」的你，聽到這些話是什麼感受呢？請試著全心體會對方的立場與情緒。

在這樣的狀態下，把你想對眼前的「自己（你）」說的話說出口。此時，**請模仿對方的語氣、說話節奏，甚至肢體姿勢，完全投入對方角色來表達。**

當你把想說的話都說出來後，再次回到「第三者」的位置，重新從中立角度觀察自己與對方的關係。

最後，請回到「自己」的位置。從剛才經歷過的「第三者」與「對方」視角出發，思考：「為了改善與對方的關係，我能主動做些什麼具體行動？」

以我自己的例子來說，當我進入那位中國籍夥伴的角色時，內心浮現這樣一句話——「其實那份工作我本來打算自己處理的，但當我想開始做的時候，事情已經被處理完了，我連出場機會都沒有。如果妳當時能事先告訴我一聲就好了。」

這場調換位置的練習讓我意識到，我以為自己是在幫忙，但對他來說可能只是多此一舉。我應該要讓他，或團隊中的其他人，能有表現的機會。

試著去感受、理解他人所看見的世界——這就是面對「不擅長相處的人」時，邁出的第一步。

Tips

試著從多種角度來看待關係的本質。
視角一轉，往往就能看見不一樣的答案。

當發現對方行為和平常不同時，試著以閒聊開啟對話

那是某次公司舉辦球類競賽活動時的事。平常總是和大家打成一片、熱熱鬧鬧的A，那天卻一反常態，獨自跑到運動場角落的樹蔭下講電話。

從他的表情看來，似乎不是什麼開心的談話內容。

之後連續三天的中午休息時間，他也都離開座位，在外頭講了好一陣子電話。平時他吃完午餐回公司後，總會坐在座位上和同事閒聊，這樣不同尋常的舉動，讓我也察覺出不對勁，不知道他是不是發生了什麼事。

雖然他工作的樣子與平常無異，但一旦帶著「他是不是遇到什麼事了」的眼光看他，就會覺得他的表情和平常相比，的確顯得有些陰鬱。我就坐在他的斜對面，有時甚至會聽見他不自覺地嘆氣。

「你好像沒什麼精神，是不是發生什麼事了？」

——我心裡這麼想著，也好幾次想開口問問看，但總覺得不知道這樣問好不好，在人多的辦公環境下更難開口，而且也會擔心他不開心的原因跟我有關怎麼辦，因此遲遲沒能問出口。

幾天後，A主動開口對我說：「可以借一步說話嗎？」我們二人進入會議室，他才一點一滴地說出一些私事上的困擾。

「原來是這樣啊。最近看你沒什麼精神，我還在想是不是遇到什麼事了呢。」

我一邊這麼說，一邊後悔自己為什麼沒有早點開口。對他來說，主動開口對我說：「可以借一步說話嗎？」想必需要很大的勇氣吧。更何況，想到他這幾天一直把這些煩惱藏在心裡獨自承受，我就更覺得當時在察覺異狀的第一時間就開口，也許就能早一點給他一些幫助了。

若你內心有所擔憂，卻不開口表達，對方是無法知道你關心他的。當然，有時也很難直接當面問出「你還好嗎？」這樣的話，也會顧慮到旁人的眼光。

現在回想起來，與其等到周遭沒人時才找機會開口，不如直接說句「我們去那邊聊個天吧」，主動營造一個可以輕鬆對話的二人空間，也許會更自然些。

像是早上大家一進公司打招呼的語氣、晨會時的神情等等，其實平常就有不少觀察夥伴狀態的機會。

雖然現今遠距工作普及，愈來愈不容易察覺同事的精神狀況，但是只要多留點心，仍然會察覺到一些「和平常不太一樣」的細節。比如說：「原本都秒回訊息，最近卻很久才回」「視訊會議時不再開鏡頭」「聊天訊息的語氣也跟以前不太一樣」等等，這些微妙的變化。

當你心裡泛起「這個人好像跟平時有點不太一樣？」的念頭時，不妨試著邀請對方來小聊一下。也許最後只是你多想了，那也沒關係。**能用言語傳達「我在關心你」這件事，其實比你想的更重要。**

Tips

當你察覺到一絲絲異樣時，
不妨主動將其化為言語表達出來。

快速決策，突破問題

雖然各家公司制度不同，但成為領導者後，能自行決定的事項通常都會大幅增加。

以預算來說，即使可動用金額有限制，身為領導者為了實現想做的事，就有爭取所需預算的權限。

我曾待過一家公司，就規定只要升上課長，便能為課內業務編列所需預算，並在部門內協調後，再向公司提出部門預算申請。在這樣的制度下，我認為領導者的其中一項職責，就是要為「對人投資」以及「改善職場環境」來編列預算。

舉例來說，如果我希望團隊夥伴D明年能參加培訓課程來提升技能，我就會事先將課程費用與交通費等相關支出列入預算。如此一來，就可以對他說：「預算已經編好了，你去參加課程吧。」給予實質的支持。

解決職場上的困擾，有時也需要相對應的經費。如果因為工具不足而導致工作效率變差，就該編列預算來添購工具；如果作業現場因缺乏扶手而有危險，就該爭取設置扶手的預算。這些為了解決職場問題而爭取的經費，也是領導者應負的責任之一。

即使你心中有理想藍圖，但若手中沒有決策權，就只能提出建議。而即使提了建議，也不代表一定會被採納。但當你擁有決策權時，就能讓想法更快付諸實行。

除此之外，成為領導者後還會有許多可以自行決定的事項。

例如，原本安排在下班後進行的會議，可以改成在上班時間內完成；又或是，果斷廢止那些延續很久、但目的不明的例行公事等等。若能在自己的裁量權內做決定，工作上的靈活度與效率就會提升許多，這也是擔任領導者最能感受到成就感的地方之一。

第3章

決定自己能為團隊做的事，並付諸行動

許多人都會不安於
身為領導者後責任變重這件事，
我自己也曾對判斷與決策缺乏自信。
透過思考「我能為夥伴做些什麼」，
一點一滴地累積，便能逐漸擔起
屬於自己風格的領導角色。

發掘自己的領導風格

對你來說，理想中的領導者形象是什麼樣子呢？

正如我在第一章提到的，我所認為的領導者，應該是能帶領團隊、做出果斷決策、具備專業能力，並在關鍵時刻令人安心的人。

那麼，你又是怎麼定義所謂的「領導者」呢？

不妨想想看，這樣的領導者形象是如何在你心中形成的。也許，是受到當時社會所推崇的理想領導者典範所影響也說不定。

以我自己為例，過去我常常拿自己和前面舉的幾個「典型領導者」比較，總覺得自己根本不可能做得到。

而我在大學時期所學的「PM理論」，成了幫助我理解並評估自身領導風格的一項重要依據。

PM理論由社會心理學家三隅二不二先生提出。雖然這是本年代較久遠的書，但根據三隅先生所著的《新一代領導者——團隊領導的行為心理學（新しいリーダーシップ——集団指導の行動科学，暫譯）》一書中指出，「團隊的機能可大致分為二個面向」。

其中一項是達成團隊目標的機能，也就是**「P機能（Performance：目標導向）」**。

另一項則是維持並強化團隊的機能，也就是**「M機能」（Maintenance：團隊維持）**。

根據這二個機能的高低，領導風格可分為以下四種類型：

Pm型：P機能（目標導向）高、M機能（團隊維持）低。Pm型領導者會用「再快一點！」「太慢了！」「提高精準度！」等話語鞭策夥伴，專注於追求成果，但對夥伴情緒的關懷較少。

pM型：M機能（團隊維持）高、P機能（目標導向）低。pM型領導者重視營造和諧的團隊氣氛，但對於提升工作成果的關注則相對較低。

■ PM理論 ■

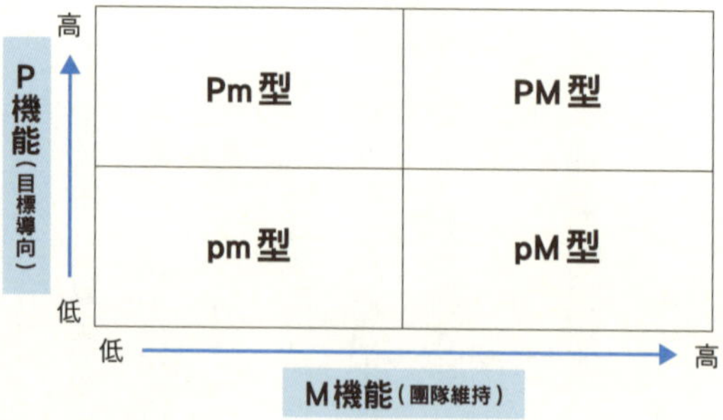

PM型：P機能（目標導向）與M機能（團隊維持）皆高。PM型領導者會一方面向夥伴施加壓力以提升成果，另一方面鼓勵夥伴、關心人際關係，努力讓團隊氣氛保持和善。在這樣的領導者之下，團隊的生產力最高，因此PM型被視為最理想的領導風格。

pm型：P機能（目標導向）與M機能（團隊維持）皆低。pm型領導者對於達成目標與關懷夥伴都不關心，因此團隊的生產力最低。

你覺得自己最接近哪種類型呢？

我曾經做過自我診斷，認為自己是pM型（團隊維持力高，目標導向力低）。因此，我將「避免自己的團隊變成只是感情好的小圈圈」作為課題，主動對下屬進行引導，朝著目標邁進（加強P機能）。

當然，強化P機能並不是要成為嚴苛的魔鬼教官。

帶領團隊達成目標的方法有很多種，「施加壓力」並不一定要透過嚴厲的言詞或態度。這套PM理論讓我更清楚認識自己「已具備的能力」與「還需強化的部分」。並且，在我俯瞰整個工作職場時，也有助於發現自己該加強哪一個機能。

我初次擔任管理職的職場中，部長和其他課長都是P機能強的類型，於是我認為能以強化自己的M機能為主；相反地，當我在中國管理一位和我同樣是pM型的課長時，我則有意識地強化自己的P機能，以免團隊類型過於偏頗，難以達成目標。

自己朝PM型領導者邁進固然重要，但透過PM理論，更有助於保持整個職場的機能平衡。你身邊有什麼類型的領導者呢？不妨觀察看看。

然後，請試著思考一下，自己應該強化P還是M哪一個機能，或者在整個職場中你該發揮哪一種機能才更合適。

Tips

在追求PM型的同時，也要兼顧整體平衡。

從描繪理想職場藍圖開始

追求理想的領導者形象，或努力成為「應有的領導者」，固然重要。然而，有一件比「自己想成為怎樣的領導者」更加關鍵的事，那就是——你希望打造一個怎樣的職場。

即使你具備優秀的領導能力，也不代表職場就會自然變成「人人嚮往工作的地方」。正如我在第一章（第二十二頁）所提，與其只關注「自己想成為怎樣的人」，不如進一步思考：「在這個職場中，我能扮演什麼角色？」

我所任職的職場幾乎清一色是男性，領導者多半屬於強勢主導型，常以氣勢壓人，甚至時常可以聽見呵斥聲此起彼落。整體而言，是一個高度偏重P機能（目標導向）的組織。或許正因所處產業競爭激烈的關係，整體企業文化也呈現出強烈的階層式管理風格。

而我升為管理職之際，正值公司業績表現亮眼的時候，每年都有三至六名高中高職畢業的新進員工被分派至我的所屬單位。也就是說，我帶領的團隊中，充滿了十幾歲後半到二十歲出頭的年輕夥伴。

然而，在這樣一個對失誤零容忍、氛圍高度緊繃的職場中，這些年輕人常常顯得畏首畏尾、提心吊膽。

記得我剛開始負責這個團隊時，有位新進員工因為工作出錯，被部長當眾大聲斥責，整個人沮喪得垂頭喪氣。那一刻，我心中浮現的第一個念頭是：「我必須保護他。」

雖然他當下遭到單方面的指責，但也許他有自己的考量或不得已的理由。我認為，這些年輕人需要一個能夠釋放壓力的出口，也需要一個能讓情緒稍微緩和的安全空間。

如果說部長和其他男性領導者像是《北風與太陽》故事裡的「北風」角色，那麼我願意成為那個溫暖的「太陽」。如同我先前提到的，我屬於較重視M機能（團隊維持）的領導風格。一旦下定決心扮演這樣的角色，我該採取的行動方向就很清晰了。

我尤其希望年輕人不要以「畏懼失敗」的消極心態面對工作。若只是因為害怕犯錯、擔心挨罵而遲遲不敢嘗試新挑戰，那實在太可惜了。

此外，若只是被動地執行上級交辦的任務，也很難從中獲得成就感，更遑論培養對工作的熱情。因此，我認為自己能做的，就是站在每位夥伴的背後，默默地支持他們、適時推他們一把，讓他們有勇氣踏出那一步。

曾經聽過一句話：**「領導力，就是影響力。」**我非常認同這樣的觀點。

與其執著於「自己應該成為哪種類型的領導者」，不如更進一步思考：「我希望帶領這個團隊走向怎樣的未來？」並且思索：「為了實現那樣的未來，我能對團隊夥伴產生哪些正面影響？」這樣的視角，才是真正驅動領導行動的關鍵。

Tips

思考你能帶給團隊什麼價值。

從團隊夥伴回饋中收集關鍵資訊

身為領導者，最常被賦予的職責之一就是「做出判斷」。能果斷下決策、迅速解決問題的領導者，往往給人幹練可靠的印象，令人敬佩。然而，當自己站上那個需要不斷做決策的位置時，才會發現現實並不如想像中帥氣。

我曾經在完全沒有經驗的領域中帶領團隊，面對夥伴提出「這該怎麼辦？」的詢問時，內心其實非常慌張。但身為領導者，總覺得不能說「我不知道」，更不想因下錯決定而失去團隊信任。這份壓力曾讓我備感沉重。

這段時期，我經常向一位跨部門主管請教，他說過的一段話至今仍讓我印象深刻：

「領導者不是超人，**沒必要凡事都靠自己思考、做決定**。妳知道下屬的職責是什麼嗎？

他們的工作之一，就是幫助上司收集判斷的依據。優秀的下屬，能夠提供有助於判斷的好材料。如果資料還不夠，就請他們再補充；如果妳自己也無法判斷，還有妳的上司，可以將材料整理好交給他。」

聽到這番話，我原本繃緊的神經終於能夠放鬆下來。

以前每當有夥伴問我：「該怎麼辦？」我總會下意識地說：「等一下，我先想想。」然後獨自陷入苦思。有時花上許多時間查資料、請教他人，只為了做出一個不出錯的判斷。

但在得知這個「判斷材料」的概念後，我的回應方式就轉變了。當夥伴再度詢問「該怎麼辦？」時，如果資訊不足，我會直接表示：「單就目前這些資訊，還不足以做出決定。」並請對方提供更多細節。對於習慣以往只問一句「該怎麼辦」，就能獲得上司答案的夥伴來說，這樣的轉變可能令他們有些驚訝。

然而，這樣的互動其實也成為培育夥伴的重要契機。他們開始更仔細觀察問題、整理情況，並能具體描述現場狀況。不只是回報事實，甚至還會提出「我認為這樣處理或許不錯」的具體建議。這讓我明白：領導者不需要獨自扛起所有判斷與責任。

當然，有件事仍需特別留意——不要在資訊不足時貿然下判斷，也不要過度依賴自己的直覺。

關鍵在於，我們能否收集到「高解析度、正確且具體」的資訊。而當夥伴提供事實時，也應進一步追問：「你為什麼會注意到這點？」這樣的對話過程，不僅能提升判斷品質，更能帶動彼此的成長。

另外，當你真的無法獨立判斷，或對自己的判斷沒把握時，請勇敢地向上司求助。

我自己也曾有過難以啟齒的經驗，只因不想被認為「連這點小事都做不了決定」。但從整體來看，逞強硬撐反而弊多於利。

願意動腦思考固然重要，但有時候，**能坦然說出「我不知道」，並勇敢借助他人之力，也是領導者該具備的勇氣。**

Tips

學會坦然借助他人的力量。

傾聽心聲、妥善分工

依據不同產業與職務類型，有些人會長期負責同樣的工作。尤其在需要專業知識或技術的領域中，這種現象更為普遍。

M小姐曾擔任某IT企業系統開發部門的部長，在一一與技術團隊的夥伴面談時，主動詢問對方：「你真的希望一直待在這個部門嗎？」

她表示：「我們部門的業務性質，是與特定客戶長期合作，因此有不少人長年處理相同專案。我一直在想，是不是有人其實想挑戰新的任務？或是希望接觸其他技術、轉換服務對象，甚至是透過升遷來挑戰不同職責？基於這些思考，我決定聽聽每位夥伴的心聲，並根據他們的意願來調整工作分配。」

當然，並不是所有人的願望都能完全實現。從公司的立場來看，有時仍希望員工繼續留任原職、再多努力一段時間。遇到這樣的情況，M小姐也會清楚向對方說明原因，但在說明之前，她會先充分理解對方「想做什麼」的心情，讓夥伴知道自己的聲音有被聽見。

此外，作為最瞭解團隊夥伴表現與特質的人，領導者在升遷評估上理應扮演關鍵角色。主動向上級推薦適任者，幫助他們走向更能發揮長才的位置。推動人才成長，正是領導者重要的職責之一。

除了正式升職或調任，也可以透過指派專案，讓夥伴累積一些「小規模領導經驗」。讓他們從小型任務開始練習帶領與協調，會是很好的學習機會，也能替未來的發展打下基礎。

如果同一位員工長期負責固定工作，不只會侷限其成長空間；對公司而言，也可能會有風險，一旦這個人辭職，某部分工作就無法運作。

因此，領導者不妨主動瞭解每位夥伴對現階段工作的看法與感受。傾聽他們對未來的想像，思考公司未來的方向，並根據雙方需求，重新調整工作配置、提出職務輪調或升遷建議——這些，都是領導者才能做，也應該做的事。

提前掌握「該向誰請教」

前面提過，遇到不懂的事情，勇敢地尋求他人協助是很重要的。這時，如果你心裡已經有可以諮詢的人選，會讓整個過程變得輕鬆許多。

當然，最基本的就是詢問自己的上司，但有些事可能連上司也未必清楚。因此，**平時就要有意識地建立起「這類問題該請教誰」的人脈網絡。**

像是在公司受訓時結識的人，或是其他部門的同事，都是很寶貴的人脈資源。與平常業務上不太會接觸的同仁建立聯繫，一旦有了交集，日後在需要幫忙時，也比較容易開口請教。

N小姐在IT產業擔任部門主管，曾分享過自己處理判斷與決策的做法：

「在進行決策之前，我一定會先確認相關的規定與公司制度，因為這些正是做出正確判斷的依據。雖然做決策的時候，有時確實會帶來壓力，但我會不斷提醒自己，保持對整體方向與理想目標的清晰認知。

對於技術層面不熟悉的部分，我會毫不猶豫地請教相關領域的專家，或是對該議題具備深入理解的下屬。當然，身為主管，持續收集資訊與自我進修同樣不可或缺。但與此同時，建立一套清楚掌握『該向誰請教什麼』的人脈網絡，也是一項極為關鍵的能力。」

雖然N小姐強調了人脈的重要性，但她並非刻意去經營，而是在日常互動中自然累積。舉例來說，當公司發布內部通報時，若她對內容的實際意圖或落實方式有所疑問，便會主動聯繫相關部門進行確認。

「透過這樣的詢問，對方很快就會記住我的名字。當然，也曾有人覺得我有些煩，但有不少人能理解我們是想確實掌握訊息內容。這些溝通的過程，最終都變成了建立關係的契機，自然而然地擴展了人脈。」

回顧過往，我發現那些讓人信賴的主管，無一不是擁有廣泛人脈的人。

他們面對不熟悉的議題時，總能迅速聯繫到合適的人選，並獲得明確的建議或可行的解決方法。

看到這些主管果斷地請教合適對象、迅速掌握關鍵資訊時，我從未心生「這種事還需要問人嗎？」的想法；相反地，我深刻體會到：能夠妥善運用資源、迅速解決問題，正是一位優秀領導者應具備的重要能力。

如果你認為要擴展人脈很困難，其實也不用太過焦慮。可以先從N小姐的做法開始練習：遇到不懂的事情時，不放著不管，而是主動去請教懂的人。從這個小小的動作開始，一步步累積你的資訊來源與信賴關係。

Tips

有不懂的事，就去請教懂的人。

時刻不忘自我提升，強化實務能力

會閱讀這本書的你，或許多半是在身兼團隊管理職責的同時，仍負責實際業務工作的「實務型管理職」。既然被選為領導者，相信你過去在實務上的表現獲得認可，甚至本身可能就對現場工作有高度熱情與投入。

「實務型管理職」的人，有容易落入長時間工作狀態的傾向，也常被認為「不會授權、不懂得放手」。

但我始終認為，身為這樣的角色，反而更**應持續提升自己在實務方面的專業能力。**因為，當前社會瞬息萬變、效率至上，而站在第一線的管理者所做出的每一個判斷，往往都直接影響組織的營運與成敗。持續站在第一線、累積專業實力，不僅能帶來自信，更能強化你的判斷力。透過參與實務工作，你會更瞭解現場狀況，也能更理解團隊夥伴的工作樣貌，這些都是身為領導者不可或缺的養分。

不過在這樣的過程中，有一個關鍵點必須注意：不要將實務工作變成個人閉門造車的行為。也就是說，從一開始就應該預設「這份工作終將交給別人」，以此心態來進行。

舉例而言，雖然當下是你親自處理業務，但不妨時常自問：**「這個做法真的是唯一選項嗎？」或「這件事非我不可嗎？」有意識地跳脫「只有我能完成」的思維框架。**

站在更高一層的視角來看自己的工作，思考：「如果讓A來做會是什麼樣的情況？」「若要交辦出去，需要先準備什麼資源或說明？」

作為實務型管理職，最應該避免的二件事，就是「獨占成果」與「搶走團隊夥伴的工作」。我曾有一次失敗的經驗，值得和各位分享。

當時我參與了一個在中國新設工廠的專案，心想這次一定要打造出比以往更優秀的工廠，於是主動向上司提出多項建議，並不斷推動專案進展，並沒有事先與中國團隊的夥伴們分享。團隊的中國夥伴是在所有方針幾乎拍板後，才被告知「我們接下來要這樣做」。

長此以往，我與其中某位中國人的關係變得微妙。對方是備受期待的年輕準領導者，而我後來才發現他們早已提出許多建設性構想，也對打造好工廠抱有熱情。然而，我卻一意孤行地推進專案，還因為獲得中國主管一句「謝謝妳提出好點子」而沾沾自喜。

事實上，「打造好工廠」並不是我個人的目標，而是整個組織共同的願景。這個目標應該要與所有夥伴共享，而不是由我一人主導。

經歷這次失敗後，我不再獨斷行事。我向那位關係僵化的夥伴分享了一個構思中的點子，他的反應馬上變積極、迅速展開行動，最後甚至提出比我原先構想更具體、優秀的方案，圓滿完成任務。我也自此脫離「凡事自己來」的工作模式，開始思考要如何將時間與精力，投注在「只有我能做」且「我能創造最大價值」的領域上。

實務型管理職最重要的，就是拿捏好「平衡」。你參與第一線，是為了強化自己的判斷力與理解現場，而真正的主角，始終應該是團隊夥伴與同仁。

Tips

牢記：團隊的主角，是夥伴本身。

展現持續精進的學習姿態

「取得證照也沒什麼用吧。」

——偶爾會聽到這樣的言論，但我並不這麼認為。尤其是那些與工作相關、能夠提升自身技能的證照，我反而覺得應該積極挑戰看看。

證照是一種能明確展現能力的客觀事實，即使只是持有，團隊夥伴對你的看法也會有所不同。

我過去任職的單位中，有許多業務必須具備特定證照，像是電氣、危險物品處理等。某些業務甚至需要公司指派有證照的人員，並向政府機關申報。當時我對這些領域完全外行，因此下定決心開始學習，陸續取得多張證照。

之後換工作時，常在面試被人開玩笑問我是不是「證照控」，但我並不是為了興趣而去考試。

若要系統性地學習基礎理論、相關法規與實務技能，報考證照是最有效率的方式。

即使只是名義上的持證、缺乏實務經驗，**只要擁有證照，就可能被賦予「既然你有這張證照，要不要試試看這個工作？」的機會。**

儘管我也曾因沒有實務經驗而感到不安，但「我確實努力學習過」這個事實，以及「證照」這項證明，成了我踏出第一步的勇氣來源。當然，在轉職時也成了加分條件。

我想「擁有證照」也起了不小的作用。能在以男性為主的產業中持續生存下來，除了運氣好，遇到不錯的團隊與職場環境外，

如果你的工作有相關的專業證照，不妨試著把取得那張證照當作目標吧。

領導者若保持持續學習的態度，也會為團隊帶來良好的影響。

在我的職場上，公司鼓勵員工報考證照。每一年度設定目標時，我都會指導大家把考取證照列入「自我成長」項目。

當然，並不是每個人都喜歡讀書。有人會說自己年紀大了、記憶力不好，也有人寫下目標，但實際上從未開始學習。

即便向他們說明「考取證照有獎金」、「有證照，退休後也比較不愁生計」等等好處，似乎也難以引起員工學習的動力。

因此，我決定親自挑戰一項我早就想考的證照。

我向大家宣布：「我都快五十歲了，但我會和大家一起努力。」並同時付諸實行。

說實話，我無法確定這樣的行動到底帶來多大的影響。不過，我認為**光是用嘴巴說還不夠，身體力行、親自示範給大家看，也是很重要的。**如果因此能讓哪怕一個人燃起學習的熱情，也非常值得了。正是這樣的信念，讓我持續學習到現在。

俗話說：「孩子是看著父母背影長大的。」其實，**團隊夥伴、下屬也是看著領導者的背影在成長。**讓我們一起展現出那份不斷學習的積極姿態吧。

Tips

你的學習態度，將塑造出一支持續成長的團隊。

化「女性身分」為領導優勢

你聽過「隱性偏見（Unconscious Bias）」這個詞嗎？

這也稱為「無意識的先入為主或偏見」。

像是「男性不擅長處理細節」、「女性不懂機械」、「日本人很死板」這類說法，就是典型的例子。

為了打造一個彼此尊重多元性的社會，隱性偏見逐漸受到重視，社會也愈來愈常針對其做討論。

其實，在工作場域中，隱性偏見也無所不在。

例如我聽過一個案例：某位女性其實非常希望被外派到國外，主管卻擅自認為「她有家庭，應該不會想出國」，使她就這樣錯失了機會。

出現這種情況，確實讓人很困擾。

但話說回來，我們也可以反過來利用這類隱性偏見，將其化為自身的機會。換句話說，**與其抗拒那些因為「妳是女性」而被交付的工作，不如將其轉化為「只有妳能做的工作」。**

我在公司任職時，整個職場只有我一位女性。有一天，附近小學安排學生來參觀工廠，主管就說「因為女生比較喜歡小孩」、「女生說話比較溫柔」等理由，請我負責接待。

又有一次，市政府希望我們公司能派人到市民講座介紹工廠，結果他們說「還是由女性出面比較好」，這份工作便交到了我手上。

我也不太懂為什麼女性出面比較好，但既然有機會來到我面前，我便一一接下並好好運用。

這些工作讓我學會了如何「用小朋友聽得懂的方式來說明事情」，而只要是對外說明、對外演講的工作，也漸漸全都變成由我負責。

不知不覺間，「說到◎◎，就想到深谷小姐」這樣的評價開始出現，我也逐步建立起自己獨特的定位。

當然，我也曾有過「別什麼事都因為我是女生就丟給我啊！」的想法，但實際試過之後，意外覺得有趣的事情還真不少。

隱性偏見不只存在於他人身上，其實我們自己心裡也可能存在這樣的思維。

或許你也曾被說：「因為妳是女性，□□應該很拿手吧？」

這時，即使你稱不上擅長，**但只要「其實還算做得來」，那麼不妨主動扮演「很擅長□□的角色」，搶下那個位置。**

隱性偏見在社會中無所不在，很多時候確實會讓人覺得荒謬。但如果只是等待環境改變，人生可能就這樣被拖完了。既然難以改變大環境，不妨就用聰明又柔韌的方式活下去吧。

Tips

將授權給自己的工作，轉化為「只有自己才能做到的工作」。

第4章

「難以交代工作」、「不善向外求援」的解決方式

我曾經很難擺脫「凡事自己扛」的習慣，
但也有幾次，我坦然說出了
「這件事，麻煩你囉」，
愉快地把工作交代出去。
回顧那些能夠順利放手的時刻，
我發現其中藏著「能放心交付工作的訣竅」。

一起完成工作，成就感加倍

突如其來的非常規任務，總是讓人措手不及。雖然很想拜託夥伴幫忙，但想到大家都很忙，總覺得開不了口——你有過這樣的經驗嗎？

如同我在第六十一頁中提到的，我很不擅長把工作交代給他人，而其中又以這種「非常規工作」更難讓我開口麻煩旁人。

以前我在工廠工作時，曾經遇到「某處有少量漏水」的問題。我請同事們幫忙檢查幾個可疑之處，卻完全找不出異常。那時，唯一還沒檢查的，就是正在運作中的生產設備。

但要確認正在運轉的設備並不容易。我本來想拜託某人協助，但連我自己也不清楚該怎麼授權、從哪裡下手才好。

那時唯一能做的，就是逐一確認設備上可能漏水的地方、慢慢排查。這種費時費力的工作，實在很難開口請已經忙於日常業務的同事來幫忙。

於是，我只好自己找空檔在工廠裡四處巡視。後來，終於發現一台可疑的設備。聯繫生產部門請他們幫忙檢查，果然找到原因，問題也順利解決了。

我當時很開心，因為是靠著自己多次跑現場、鍥而不捨地調查，才找到問題的根源。但同時，內心卻感到一絲彆扭——好像自己把成果「獨占」了一樣。

這種不自在的感覺，來自於我讓團隊夥伴「缺席」了這個過程。「漏水」這件事，**原本是全體共同的問題，後來卻變成只有我一個人在處理。**

六年後，類似的漏水問題也發生在中國的工廠。這次，我先整理思路，盤點可能出現問題的設備，然後主動找了一位中國籍員工一起行動。

「我接下來要去看設備，要不要一起去？」

聽我這麼一說，他也欣然答應了。

「等設備進行維修停機時，請生產部門幫忙關掉這個閥門，我們就能確認是否還會漏水。」

「明白了，那我來聯絡生產部門的負責人，安排這件事。」

「拜託你囉，我會親自向生產部的部長打聲招呼。」

那次調查對象超過五十台設備。此後，我們每次一得知有設備要維修，就把握時機去關閉閥門、反覆確認，進行紮實的排查工作。而我每週只需要去確認一次進度。

問題發生約八個月後，這位中國籍員工來報告說：「可能找到了漏水的設備。」我們一起檢查設備，規劃並實行確認漏水位置的步驟。最後，終於找到了真正的原因。

那一刻，我們高興得互相擊掌慶祝。

比起六年前在日本工廠自己解決問題，這次的成就感強烈好幾倍。

當然，也因為這次花了更多時間和心力。但其中更重要的是：我們像戰友一樣，一起努力解決問題，並且共享那份喜悅。

「可以請你寫份和這段調查過程有關的報告嗎？這次的問題解決是你的成果，應該好好向主管報告一下。」

我這麼對他說，他高興地答應下來，隔天就立刻交出報告。

這件事讓我重新審視了過去那個「難以交代工作」的自己。究竟差別在哪裡？關鍵是「心態的視角」。**所謂「怕給對方增加負擔」的想法，看似體貼，其實只是為了保護自己的一種藉口罷了。**

Tips

一起實行，讓對方自然參與進來。

從「一起做做看？」開始

就算我不太擅長把工作交給別人，只要我自己知道該怎麼做、也能清楚說明，我還是能放心地說「這件事拜託你了」。

但要是連我自己都搞不清楚該怎麼進行，我就很難開口。**畢竟若是在沒辦法給出明確指示的狀態下，拋出一句：「這件事交給你了。」就把事情委派給別人，可能會被認為是在推卸責任，我不想也不願這麼做。**

我自己也想先仔細確認當下情況。因為若不瞭解現況，就無法給出確切指示或下判斷。像我這樣的情況，會把「確認狀況、思考對策、付諸實行」這一整個流程全部自己掌控在手上。但是，其實進展到「實行」階段，就應該下達明確指示，把工作交出去。

然而，每當進展到實行階段時，我又常會覺得乾脆自己做比較快，或者怕增加別人的負擔，最終還是沒能交付工作給別人。

我在第一〇一頁提過中國工廠的案例，與以往不同的是，從「確認狀況」這個最初階段開始，我就讓工作夥伴一同參與了進來。

我當時一開始對同事說的是：「要不要一起去看看？」如果我劈頭就說：「我覺得大概可以這樣做，麻煩你調查看看。」把整件事直接全部委派出去，事情可能就無法這麼順利進展了。因為這麼一來，不但自己抓不準整體工作量會有多少，也無法掌握對方在執行過程中會需要什麼資源或支援。

另外，如果是到了只剩「執行」這一步才把工作交出去，往往還得重新向對方解釋整個來龍去脈，而且對方可能也只是按照指示操作，難以真正投入其中。

像我這樣不習慣放手交代工作的人，要直接說出「這件事就交給你了」是不小的挑戰。但**換成「要不要一起試試看？」這樣的合作邀請，就比較容易開口，也更自然。**

而且後來我發現，與其一個人悶著頭想，不如和別人一起討論，往往能激盪出更好的點子。而事實上，那位中國員工也一直在等我開口邀請他加入。

「難以交代工作」的背後，往往隱藏著各種心態與顧慮。

例如：「最瞭解狀況的是我」、「自己來比較快」、「下屬經驗還不足，現在交辦可能太早」等想法，或是「擔心對方覺得負擔太重而產生反感」等心理障礙。

我們或許都明白：「不能什麼事都自己扛，該讓下屬承擔、成長。」但要真正做到放手，絕非一蹴可幾。

那種「知道應該改變，卻始終跨不出去」的掙扎，是一種很真實也令人煎熬的狀態。正因如此，**不妨先從一點點小改變開始。**

比方說，原本總是一個人處理的事，這次就**主動問問：「要不要一起去？」**

平常總是自己查資料，這次就**嘗試說：「要不要一起查查看？」**

或許這還稱不上是完整的「交代工作」，但透過這些微小的行動累積，逐漸就能轉變自己的思維模式，邁向「這次也許可以交給對方嘗試看看」的下一步。

Tips

從「要不要一起做？」來踏出第一步。

把工作交給對方，賦予其成長機會

究竟是什麼心態，使人無法把工作安心託付給他人呢？就我自己的經驗而言，除了常見的「只有我最瞭解這件事」這類認知之外，更讓人猶豫不決的，其實是擔心把工作交出去，會讓原本就很忙的同事承受更多壓力。

曾經有一位同齡男性對我說：「我覺得課長您人太好了。」

這句話聽在耳裡，讓我有種心事被戳破的感覺——對方彷彿是在對我說：「妳其實是怕被討厭，才不敢拜託別人吧？」明知自己該放手，卻還是做不到，當下只覺得無力又挫折。

即便如此，為什麼我在中國工作時，卻能一次又一次地把事情放心地交出去呢？

仔細回想才意識到，也許是因為我看待團隊夥伴的方式已經和過去不同了。

當時我決定在中國只做到二〇一九年底，有著明確的期限。因此，無論當下手上處理的是哪一項業務，我都會自問：「我能為這些中國夥伴們留下些什麼？」

正因為有這樣的心態，我不再被「會不會增加對方負擔？」「這樣拜託會不會引起反感？」這類猶豫與顧慮綁住。只要是我曾經歷、而他們尚未接觸的領域，我都希望能透過共同參與的方式，讓他們親身經驗、從中學習，並逐步累積成長的養分。

但過去在日本工作時，我的心態完全不同。每當出現問題，我第一個念頭就是：「我應該為大家解決這個問題。」

我不想讓大家額外操心，因為我希望自己是一個體貼下屬的好主管，也很在意是否能展現出領導者的能力，與值得下屬信賴的樣子。

後來，**我學會換個角度思考：「我可以為對方做些什麼？」這樣一來，就不再把工作視為「加重負擔」，而是「提供成長的機會」。**

我逐漸意識到，領導者的價值，並不在於是否能親自解決每一個問題，而是在於能否為團隊指引方向，並放心地把執行的責任交託出去。

在中國工作的那段時間，我的確曾將不少吃重的任務交給夥伴負責。然而，每當他們成功完成時，總是帶著十足的成就感，露出滿意的笑容，甚至還會對我說聲「謝謝」，感謝我給了他們參與的機會。

這樣的反應令我感到相當驚訝——原來將工作交代給他人，竟然也能收獲感謝？

回想過去在日本，我總是處處小心，唯恐增加團隊夥伴的負擔。多數時候選擇一人默默扛下所有工作，雖然成果也能順利交付，卻從未有人為此向我表達過一句謝意。沒想到真正試著放手後，非但沒有招來不滿，反而得到肯定與信任。這也讓我體悟到，那個被認為「人太好」的我，其實只是過度保護自己罷了。

因此，不妨試著將目光從「我會不會做不好」「這樣會不會遭誤解」這些自我評價中抽離，轉而看向眼前的夥伴，想想看他們未來能成長為什麼樣子？自己又能為此提供什麼樣的支持與陪伴？以這個視角思考後，自然就能邁出放心授權、共創成果的第一步。

Tips

著眼於夥伴們的成長與未來。

抱著「打造團隊夥伴」的心態

促進夥伴的成長，其實就如同在培養一位藝人，協助他發揮潛力、站上屬於自己的舞台。

當你以這樣的心態看待團隊，自然會開始思考：「這項任務或許正好能發揮A的專長」「B若負責這件事，應該能展現他的優勢」……各種靈感將源源不絕地浮現。

當我進入這樣的思維狀態後，過去對於「把工作交給他人」的遲疑與抗拒，也逐漸消失了。第二章（第六十三頁）曾提及「列出夥伴的個人強項清單」，實際操作時，我會一邊回想每位夥伴的特質與表現，一邊思考「這件事也許適合交給他試試看」——這樣的過程，不僅具策略性，也讓人感到格外有趣。

當時我所帶領的團隊，主要負責的是按照計畫進行機器設備的檢修這類工作。雖然這當中有提升準確度與效率的空間，但我希望大家不只是把「交代的事照規定做完」而已，而是能更進一步去嘗試新的挑戰。因此，我根據每位夥伴的「個人強項清單」，安排了各種改善業務的任務。

像是有些夥伴經驗豐富，我就請他們設計新進員工的教育課程，並實際擔任講師。擅長電腦操作的夥伴，則負責建立故障處理紀錄的資料庫；有生產部門經歷的人，則被託付製作簡潔易懂的設備說明資料。

而那些擅長協調、能把各方人員拉進來一起推進工作的夥伴，我則只提出主題，從構思到執行全權交給他處理。

每當我把工作交給他人時，會特別留意清楚傳達我的期待與理由。

不是那種模糊的「你應該滿擅長這類型的吧？」這種含糊其詞的說法，而是**具體地指出事實與依據。**

例如：「你上次將艱澀的術語解釋得非常清楚，連新人也能輕鬆理解。」我會將自己實際觀察到的情境與感受直接傳達給對方。

這樣能讓人更容易理解自己被賦予任務的理由，進而提高接受度與投入感。

當然，現實中也會遇到一些夥伴心中難免有些抗拒，比如：「現在才讓我嘗試新的東西，實在提不起勁。」「照著現在的節奏不是挺好嗎？」這類情況確實不太容易處理。

這時，我會試著與他們對話，比如問那些追求「一天平穩順利結束就好」的夥伴：「如果每天都能平安無事地結束，對你來說，會帶來什麼好處呢？」

這樣的問題，常會引出一些真實的想法，例如：「壓力不大，我就能和家人好好相處。」「我希望生活裡不只有工作。」——從這些回應中，就能逐漸描繪出他們心中所嚮往的生活樣貌與價值觀。

理解對方的立場與想法後，我會進一步引導：「為了確保一天能平順收尾，你覺得需要做些什麼準備？」

對方可能會說：「我希望下班前不要再發生突發狀況。」等具體回應。

這時，我會再接著問：「為了避免這些突發狀況，現在有哪些事是你能先做準備的？」

「有沒有什麼是你現在就能試著調整或嘗試的？」透過這樣一來一往的討論，往往就能找出他可以負責、也願意試試看的具體任務。

雖然這種類型的夥伴，可能不會熱情地高喊：「這交給我吧！」但他們至少會理解，這麼做對自己也是有幫助的。

改善相關的工作任務，通常能為整個團隊帶來更流暢的運作流程、更高的安全性與效率。一旦產出成果，請務必向全體夥伴公開說明：「這項改善，是A主動提出並努力完成的。」

即使只是日常工作的一部分，**當事人從團隊夥伴那裡聽到一句真誠的「謝謝」，仍然會由衷感到開心**。身為領導者，請盡情享受這樣的成就與責任感吧！

Tips

善用「個人強項清單」作為依據，將任務分配給對應的夥伴。

賦予年長夥伴能發揮經驗的角色

在帶領團隊的過程中，不免會遇到比自己年長的夥伴。對許多人而言，要對年長者發出指示或交代工作，難免會感到有些不好意思或不太自在。

我曾帶過的團隊中，多數是較年輕的夥伴，但其中大約有一半是與我同齡或年長的男性，甚至也有比我年長十歲以上的夥伴。

一開始我確實感到有些不知所措，但當我試著探究這份遲疑的來源時，才意識到，自己其實被「身為領導者，就必須比別人更能幹」這樣的上下觀念所限制。

所謂的「領導者」其實是一種角色設定。**最重要的，其實是無論對方的性別或年齡如何，我們都應該對其懷抱尊重之心。**

從理性來看，年齡的差異並不代表能力上的高低。面對年輕的夥伴，並不意味著自己比較優越；同樣地，面對年長的夥伴，也不等同於自己比較不足。因此，對年長於自己的夥伴，無需過度退讓或顧慮。

若自己對年長的團隊夥伴懷有難以親近的心態，彼此之間的距離自然會難以縮短。此外，也別忘了，對方可能同樣對如何與年輕的領導者互動感到困惑與不安。事實上，面對比自己年輕的主管時，許多人也會在應對進退之間感到拿捏不易。

因此，面對年長的團隊夥伴時，不妨由自己開啟對話，主動瞭解他們過去累積的經驗與專業，邀請他們一同思考：「若將這些歷練應用於團隊目標上，能夠帶來哪些具體貢獻？」這樣的對話不僅能展現對其價值的尊重，也有助於提升他們對團隊的認同與參與感。

在與年長夥伴互動的過程中，彼此觀點出現落差是再自然不過的事。或許，有時甚至會覺得對方的想法過於傳統。

但需謹記，每個人的思考方式與感受本就不盡相同。與其急於否定，不如先表達接納：「原來你是這樣想的。」再進一步清楚說明：「我自己的看法是……」

若我們先行築起心防、處處設限，對方也容易因此採取防備姿態，導致雙方溝通受阻。試圖以虛張聲勢來避免受輕視、擔心自己是否被他人「審視」等，其實意義不大。相反地，**試著展現自己的不確定與脆弱，例如：「如果是您，遇到這種情況會怎麼做？」請教他們的看法與經驗，往往能獲得意想不到的熱情回應與寶貴建議。**

Tips

主動開啟對話，才能拉近彼此距離。

克服「難以交代工作」的三個要點
①以數字掌握工作量

過去的我總是習慣一肩扛起所有工作，即使有人主動提出「我來幫你吧」，也會下意識地回應：「沒關係，這點小事我來就好。」但回想起來，其實也曾有幾次，我能毫無勉強或猶豫，坦然地說出：「麻煩你了。」

當我仔細回顧那些能夠放心託付的時刻，發現背後其實有一些共通因素，我在此整理出三個幫助我放手的關鍵要點。

第一個要點是：**以「數字」掌握工作量。**

也就是說，明確地釐清每項工作的內容、完成期限與所需投入的工時，掌握自身時間的使用狀況後，才能清楚評估「是否能單靠自己完成」。

當判斷出全靠自己恐怕吃不消時，反而就能順利地開口請求他人協助。

還記得有一次，我與一位前輩搭檔進行專案，對方主動提出：「今天的報告要不要我來寫？」

若是平時的我，此時一定會說：「沒關係，這點小事我來就好。」然後一如往常地把工作攬下來、熬夜完成。

當時我也曾猶豫過：對方也是很忙的前輩，又是我敬重的人，怎麼好意思請他幫忙呢？但那次的情況是——我必須在二天內完成二份報告，而隔天我還有其他重要工作在身，若硬是要自己完成全部內容，勢必會顧此失彼。

當我意識到拖延進度會影響整個團隊時，我便毫不遲疑地將部分工作交付給他人了。

你平常是否有掌握每項工作大致需要多少時間呢？

即使只是粗略記錄，也能幫助你看清自身的「工作負荷」。由於多數工作都有明確期限，從截止日回推所需工時，就能客觀評估是否能如期完成。

像我這種習慣所有事情獨自扛下的人，常會不自覺地把「加班」當作理所當然的選項。但事實上，這並非健康的工作模式。我們應該先從改變這樣的慣性模式開始。

建議你可以先花一週的時間，將每天的時間使用情形記錄在行事曆或筆記本上。藉此往往能發現一些原本沒察覺的細節，例如：「開會占去大量時間」、「其實有不少零散空檔」等。

接下來，**試著釐清哪些時間是「無法自行掌控的」（如：必須參加的會議），又有哪些屬於「可由自己安排的自由時間」。這樣一來，就能更清楚掌握自己可運用的彈性空間。**

在此基礎上，請優先預留時間給那些「一直想做、卻尚未執行的工作」，例如：夥伴的培育、定期面談等，這些都是作為領導者應該投入的核心任務。務必將之具體寫入行程，避免被其他瑣事擠壓。

如此一來，你就能一目瞭然哪些時間是可靈活調度的。建議**使用螢光筆將這些「可運用的空檔時間」標示出來，透過明確的視覺提示，有助於加深印象，也更容易內化在腦海中。**

當你思考是否要親自處理某項工作時，便能迅速與這些空檔時間對照，判斷自己是否有足夠的時間完成。

我們常常會忍不住什麼事都想親力親為，但不妨從認識自己時間的使用方式開始——當你真正理解「靠自己一人是有極限的」，自然就能放下執念，學會適時地分派工作。

Tips

從記錄工作時間開始著手。

克服「難以交代工作」的三個要點

②拆解工作任務

第二個克服「難以交代工作」的方法，是學會**「拆解工作任務」**。

我們口中所說的「一份工作」，其實往往是由許多不同要素組成。舉例來說，若要舉辦一場針對一般大眾的研討會，可以拆解為以下幾個具體步驟——製作活動宣傳單、建立報名表單、編排當日課程表、列印講義資料、設計問卷調查等等。

一旦釐清「需要做哪些事」、明確知道「做這些事與結果息息相關」，就更容易付諸行動。對於交代工作的一方來說，也能更有條理地下達指令給特定的人。

當我們總覺得難以放心將工作交給別人，或認為「自己來比較快」時，往往是因為相關內容與執行流程僅存在於自己的腦海中，未具體化或制度化的緣故。

即使想要寫份流程說明交出去，卻常常找不到時間好好整理，最後只好不斷延後，導致工作始終沒辦法交辦出去。

因此，建議一開始就邀請團隊夥伴一起參與，從頭盤點要完成這項工作需要哪幾個步驟，然後將整份工作拆解成一項一項的具體作業。

如此，可能還沒等你分配就會有人主動說：「這部分我可以處理。」另外，經過拆解也更容易看出每項任務的工作量與難度，進而幫助你判斷應該交代給誰更合適。

而**這份整理出來的「作業清單」，本身也能作為簡易版的操作說明**，讓原本只有你能處理的工作，變成任何人都能上手的任務。

當夥伴們依照「作業清單」完成工作後，記得邀請大家一起回顧，有哪些新增的工作沒有列進來？有哪些步驟其實不需要？這些討論都能幫助你更新作業清單、持續修正。如此一來，下次再遇到類似任務時，你就能從一開始就放心交代給他人了。

Tips

將交代的工作拆解為「細項作業」，更容易放手讓他人執行。

克服「難以交代工作」的三個要點
③累積交代工作的經驗

第三個克服「難以交代工作」的關鍵，是累積交代工作的經驗。

也就是說，讓你自己**有更多「把工作交出去」的實際經驗。**

總是無法放心把工作交給他人的背後，往往藏著各種不安。以我自己為例，曾擔心：「會不會造成已經很忙的夥伴更多負擔，讓他們覺得困擾？」、「這件事也許只有我能做得好」、「交給別人可能會拖延進度」等等。

但如同前面提到的，這些不安，往往都只是我自己的主觀臆測。

實際嘗試將工作授權給夥伴之後，我發現他們不僅沒有排斥，反而感到自己受到重視，樂於承擔任務。而且，根據工作的性質，有時與其交辦一半、自己留一半，不如從頭到尾全權交給對方處理，對方反而更容易掌握節奏、順利完成。

此外，我也體會到，與其強迫對方照我的方式執行，不如讓他們自己思考、主導推進，更能激發工作的成就感與投入感。

我曾負責一項較為專業的工作，是依據工廠的生產計畫預測一年內的用電量。起初，我依靠過去的經驗與直覺計算，但到後來自己都搞不清楚為什麼公式是這樣推的，連要解釋給別人聽都講不清楚。

最後，我決定徹底放下自己的做法，把整份預測模型的設計交給團隊夥伴從零重建。結果不僅讓他們更容易理解，也給出了比我原先更準確、更合理的預測成果。那時我真心覺得，早點放手把工作交給夥伴就好了。

從一個小任務開始即可，**只要實際嘗試一次把工作交出去，你就會有所體會。**接下來，你應該將時間與心力，放在那些只有你這位領導者才能完成的任務上。

Tips

多累積一些讓人因承接任務而感到開心的經驗。

讓對方開始行動的三個要點
①抱持同理心 ②訂定明確的規則 ③共享成果

要讓他人參與、甚至採取行動，並不是一件簡單的事。

想必很多人都有過這樣的經驗：即使已經拜託對方幫忙，對方卻遲遲沒有行動，讓你忍不住在心裡犯嘀咕，說不準還是自己做比較快。

當遇到這種情況時，如果一味地追問對方：「進度如何了？」「為什麼還沒完成？」不但無助於解決問題，反而容易讓對方覺得自己不受到信任。與其急著催促，不如思考：對方遲遲無法行動，**背後是否有什麼阻礙他行動的「情緒」呢？**

要讓對方真正採取行動，有三個關鍵要點：

①抱持同理心

②**訂定明確的規則(期間、範圍、標準)**

↓

③**共享成果**

↓

①抱持同理心

當人們感到「做不到」或「不想做」時，背後往往藏有「不安」或「覺得麻煩」等情緒。這些感受並不容易改變，**與其強行要求對方改變，不如先接納並理解對方當下的情緒，表達出同理與關心。**之後，再一步步拆解這些模糊的感受，如「不安」或「麻煩」到底源自哪裡。

舉例來說，當對方感到不安時，我們可以進一步釐清其原因，瞭解需要掌握哪些具體資訊才能讓他安心，進而協助他做出下一步決定。如果對方覺得麻煩，就找出到底是哪個環節讓他產生這種感受——是流程太複雜？還是因為太忙、時間不夠？只要能釐清背後的原因，就能掌握解決的切入點。

■讓對方採取行動的要點■

① **抱持同理心** → 找出解決哪些問題才能順利行動。

② **訂定規則** → 釐清顧慮，制定具體步驟。

③ **共享成果** → 親身體驗達成成果。

② 訂定明確的規則（期間、範圍、標準）

釐清對方顧慮並具體列出可行步驟後，**就能進一步設定明確的行動規則，比如「先試行一段時間」、「從部分範圍開始嘗試」或「設下大家都能接受的安全標準」**。有了具體指引，對方將更容易踏出第一步，實際行動後常會發現「其實沒那麼困難」、「也沒有想像中麻煩」。這些新發現不僅會降低心理阻力，也有助於建立自信與動力。

③ 共享成果

最後，也**別忘了分享行動後帶來的成果與正向變化**。讓對方親眼看到成果，並且和他一起感受這份成就感，能夠幫助他產生：「或許我還能做得更多」、「我想再試試看」的動力。

這三個重點，是我親身經歷所得到的體悟。

我擔任公司節能專案的負責人時，就曾因工作進展不順而苦惱不已。但後來基於某個契機，我原本以為絕對不可能參與推動節能的生產部門，竟然也開始積極參與了。

一直以來，生產部門對節能都很消極。畢竟即使只是單單一度的溫度變化，或是和杉木花粉的百分之一般大小的微粒，都可能影響到產品品質，生產人員自然會希望維持現狀就好，不要變動。

所以，剛開始不管我們提出多少節能的正確性，生產部門總是回應：「我們做不到。」

有一次，我向他們提議：「如果是沒有人使用的區域，是否可以先暫時關掉空調呢？」

如同以往，還是只得到對方的一句：「我們無法預測會對品質產生什麼影響。」

但這時，同行的夥伴問了一個問題：「要掌握哪些具體條件，才算是沒有影響呢？」在取得生產部門具體的判斷標準後，我們承諾會依據這些項目提供對應的數據。

結果出乎意料地，生產部門竟然主動提議說：「那我們先試一天，確認結果。如果沒問題，再試一週看看。」

當下，我真切地感受到，自己終於讓一座無法撼動的山動了。

回頭檢視過去，我發現自己總是習慣講道理，**用「本來就應該這麼做」來說服對方，而對方則以「我們真的做不到」來回應，雙方不斷陷入對立僵局，導致事情遲遲無法推進。**但這次，我試著轉換方式——先傾聽對方的不安，釐清他們真正的顧慮，接著訂出可接受的範圍與試行期間，結果原本完全停滯的計畫竟順利啟動了。

隨著成果逐漸顯現、效果也獲得認可，專案開始順利運作。更重要的是，透過共同分享這份成就感，我們與原本立場保守、甚至對立的生產部門，逐漸建立起真正的「合作夥伴關係」。

因此，**當你覺得對方遲遲不採取行動時，不妨先從理解對方的感受開始**。這些情緒被梳理清楚後，突破口往往就會浮現。下一篇，我將分享幾個實際應用的案例。

Tips

行動的第一步，從「同理對方的情緒」開始。

引導缺乏自信的夥伴採取行動的三個要點

①抱持同理心

前面介紹過讓對方開始行動的三個要點，同樣適用於那些因缺乏自信，而會婉拒託付工作的夥伴。

有一次，我將一項簡單的修繕工程交給一位年輕同仁處理。他主要負責的是機械檢查工作，這次是他第一次接觸這類修繕相關的任務。之所以願意交給他，就是希望他藉由新的挑戰獲得成長。但他的第一反應卻是：「我沒做過這類工作，沒信心能勝任。」

如果是你，遇到這種情況，會怎麼回應對方呢？

以前的我，會用鼓勵的話語為他打氣：「沒問題，你一定做得到。」

但後來我才發現，這樣的說法，其實只是把我自己的看法強加給對方而已。

「你一定做得到」與「我沒有信心」，本質上是二種衝突的立場，各自的觀點彼此碰撞。單方面的鼓勵無法真正消除對方內心的不安；在這樣的情況下，若強行交付任務，即使出於期待對方成長的善意，結果也可能適得其反。

當對方坦承「我沒有信心」時，**如果只是一味回應「沒事，你一定可以」，往往無法達到安撫對方的目的，反而只是將自己的想法強加於對方。**

這就像我過去在推動節能計畫時所犯的錯——陷入「你可以」與「我不行」的對立。真正重要的，其實是先接住對方的不安情緒。

自從我領悟到讓對方行動的三個要點之後，我也改變了自己的回應方式。

即使內心認為對方一定做得到，我也會先回應他的情緒：「你現在覺得沒有信心，對吧？」然後接著問：「你具體上是對哪些部分感到不安呢？」

這樣一來，對方便會開始說出：「不知道該怎麼取得報價」、「不確定該如何判斷報價內容是否合理」等等，原本只是一句模糊的「沒信心」，也就逐漸具象化了。

而只要能釐清對方感到不安的具體原因，就能更清楚知道下一步該怎麼輔助他。

切記不要急著鼓勵。先聽懂對方的不安，再問出具體的擔憂之處，自然就能提出具體可行的協助方案，幫助他跨出下一步。

Tips

試著具體問出：「你對哪些部分感到不安？」

引導缺乏自信的夥伴採取行動的三個要點

② 訂定明確的規則

當團隊夥伴表示自己沒做過這類工作、不知能否勝任時，第一步是接住對方的情緒，理解他對哪裡感到不安，再進一步分析這份「不安」，與對方一起釐清「做到什麼程度可以？」「具體該如何進行？」「判斷依據是什麼？」等問題，進而訂定明確的行動規則。

以前述為例，對方的不安來自於「不知道該怎麼取得報價」、「不確定該如何判斷報價內容是否合理」等具體細節。

這時或許會很想直接建議：「那你這樣做就好。」但更有效的方式是進一步細分工作。因為**在「我做不到」或「我不懂」的表述裡，往往可能包含對方已經能做到或理解的部分。**

比如可以這樣引導：「在取得廠商報價前，需要先統整一份我方的需求資料、決定取得報價的對象，最後再正式發出報價請求。整個流程中，你對哪一部分不確定呢？」藉由拆解式分析，可能就會得到「我不知道該怎麼準備那份資料」或「我可以處理報價請求」等回應。如此就能清楚看出，他對哪裡感到不安、哪些是他可以處理的。

這樣的過程有助於聚焦問題核心，找出化解對方不安的具體方法，進一步提升其「或許可以試試看」的意願。對當事人而言，也會發現其實自己並不是什麼都不會。

因此，面對對方「不太懂」或「有點不安」的情況時，**不妨提供必要的資訊與協助，並詢問：「你覺得自己可以做到哪個部分？」一同討論其能負責的工作範疇。**

此外，也應預先約定好什麼時間點要回報或諮詢，並視工作內容補充相關的參考依據，例如：法規、標準或公司內部流程等。

透過這些具體的安排與輔助，對方就更有機會踏出行動的第一步。

Tips

拆解對方的不安，釐清可託付的工作範圍。

引導缺乏自信的夥伴採取行動的三個要點

③共享成果

當對方已經願意踏出第一步，我們也一起釐清「做得到」與「不瞭解」之處，並訂下工作範圍、流程與判斷標準等基本規則後，接下來的重要一步就是分享過程中的「成果」。

對方初次嘗試，過程中可能有做得不夠理想、成果不盡完美的地方。我們很容易會想立刻指出更好的改善方式，但在此之前應該先關注那些對方「已經做得不錯」之處。

具體來說，可以請對方分享他在執行這項任務時，自己是如何思考與判斷的？曾嘗試了哪些方法或下了哪些工夫？有哪些新發現、學到的新知識？

哪怕只是很小的成果，也可以成為「正在進步」、「進展順遂」的依據。只要用心去找，一定能從中找到成功做到的部分。

其次，再針對能夠改善的細節給予回饋，像是：「其實這裡如果改成這樣，效果會更好。」先看見對方達成的部分，對方通常會更容易接受其後關於改善的建議，也會更正面地看待自己未來的成長空間。

哪怕只有其中一部分順利完成，這樣的經驗也能建立起自信。當我們肯定對方達成的地方並與其共享成果，也是在累積下一步行動的基礎。接著就能順勢擴大挑戰範圍，詢問：「那下次要不要試著做到這裡？」或將工作進行方式交由對方自行裁量決定。

當夥伴說出「我沒有信心」時，我們常會忍不住想鼓勵他：「不會啊，你一定可以的！」或是乾脆一步步帶著他做。以前的我也常這麼做。

但真正能幫助對方建立自信的，不是讓他照著我們的方式完成任務。**請試著按下那股想立刻出手的衝動，陪他一起釐清不安的來源、拆解困難，創造出可累積的成功經驗。**

Tips

引導對方說出感覺到自己進步的具體感受與行動。

獨攬工作，就像積水不流，終將渾濁

前面談了這麼多，關於「難以交代工作」、「不善向外求援」時該怎麼做，最後我想坦白一件自己的心結：其實，我內心也曾經有「不願放手」的想法。

我總覺得「這份工作只有我能做」，也希望自己是主導者，心裡甚至會覺得「這就是我的工作」，捨不得放手。但也正因為什麼都想親力親為，結果反而讓工作進展得不如預期。

後來，我因為人事調動被派去中國工作。

雖然沒有誇張到覺得「我一走團隊就會垮」，但內心還是有些不安：「這部分沒有我會怎麼樣？真的沒問題嗎？」

直到出發前的最後一刻，我還在寫著一份又一份細到不能再細的交接文件。臨走時，我也對大家說：「要是發生什麼事，隨時都可以找我。」

我調職後二年，以前的單位在節能推廣方面獲得了「節能大賞經濟產業大臣獎」。我自己也曾在負責節能業務時報名過這個獎項，還針對報名資料逐字逐句地指導同事，當時心裡其實也期待：「這次應該有機會吧？」但結果還是名落孫山。

當我得知得獎的消息時，很想替他們開心，卻也因為這是我當初沒能做到的事，而無法坦然地祝福他們。

除了這件事，還有我當年主動發起、卻因拉不到人而半途而廢的幾項專案，在我離開後卻順利推動起來；甚至有些是用跟我完全不同的方法、更有效率地完成了。一開始得知這些消息時，我心裡其實很受打擊。

但也正因如此，我才意識到，也許就是因為我總把事情攬在身上，大家才不好意思插手。當時自認「我最能勝任」的想法，其實只是自以為是罷了。

當工作由不同的人來負責，換了做法，反而可能激發新的點子、帶出新的可能性。正所謂「水不流則腐」，領導者將所有事都緊抓在手裡，也許正是阻礙團隊成長、讓工作停滯不前的原因。

我們不需要什麼都自己扛。試著去信任身邊的人，勇敢地將工作交付出去。當工作交到別人手上，將會以不同的觀點、不同的方法被重新打磨。最終或許會以更快、更好的方式開花結果。

Tips

試著信任身邊的夥伴，把工作交出去。

第5章

贏得團隊信賴的溝通術

「想打造一個溝通順暢的團隊。」
「有些該提醒的事，但不太知道該怎麼說才好……」
在一個由不同世代、價值觀各異的夥伴組成的職場中，
要如何引導夥伴成長、提升團隊整體戰力，
成為一位值得信賴的領導者呢？
這一章將分享幾個關鍵的溝通技巧。

建立信任關係的關鍵，是以事實為基礎做判斷

我的團隊夥伴曾在工廠內進行機械檢修時，不小心關閉一台不應該停止運作的機器。原本只有在維修時才能操作的開關，他卻在未經許可的情況下切斷了電源。發生這樣的事情，已經到了需要寫檢討報告的程度。但事實是，他是「出於好意」才切掉電源的。

那個開關標示著「等待使用」。

通常，開關上會標示像是「A泵浦」「B泵浦」之類，讓人知道是對應哪一台機器。而「等待使用」的意思，是這個開關尚未連接任何設備。

他看到這個開關在未連接設備的情況下竟然處於開啟狀態，覺得有異，便查閱了設計圖，發現這個開關確實沒有連接任何機械。

若電源開著卻沒有對應設備，可能引發觸電等危險事故。基於安全考量，他才決定將開

關閉。

然而事實上，這個「等待使用」的開關最近已被連接到一台新設的機器，並正處於運作中。他出於好意的行為，結果卻釀成意料之外的麻煩。

當我第一次聽到狀況彙報時，腦中第一個閃過的念頭是：「是什麼原因讓他會這麼做呢？」但當我聽完整個過程的來龍去脈後，真心覺得先聽他怎麼說，實在太重要了。如果我一開始就責問：「怎麼可以擅自操作？你在想什麼？」恐怕會在他的心中留下陰影。

這次的經驗讓我深刻體會到，**首先確認「實際發生了什麼」這件事，有多麼重要。**

我們在日常中，總是在下各種判斷，比如：好或壞、能或不能、快或慢、貴或便宜、多或少等等。但有時候，這些判斷其實是建立在我們自己的主觀認定上，並沒有真正去確認背後的事實。

就像這次的例子，可以說擅自關閉機器的夥伴不應該，但同時也能從另一個角度看到：他願意考量安全性，而不是視而不見，這點值得肯定。從哪個角度切入，會影響我們對對方的評價。

就像圓柱從側面看是長方形，從上面看卻是圓形；視角不同，看見的事實也會不一樣。我們看到的事實，和對方所看到的，有可能完全不同。

如果只用自己的視角去判斷事情，就容易錯過真正重要的部分。

溝通不順利，往往就是因為這個原因。即使是同一件事，大家的理解與詮釋也不盡相同。正因如此，才更需要先理解：「對方眼中的事實是什麼？」

與其問：「為什麼？」不如換成：「那時發生了什麼事呢？」這樣不但可以避免情緒化反應，也能減少誤解與錯判。

Tips

與其問：「為什麼？」
不如問：「發生什麼事了？」

透過共同行動與思維交流，找出指導方向

長年累積的經驗、直覺，還有個性或品味所形塑出的工作方式，往往很難傳達給他人。那些我們已經下意識就能做到的事，要用「語言」表達，甚至整理成手冊，其實是一件非常困難的事。最後，常常就會變成「因為是○○才能做到的啦」這樣的結論。

要解決這個問題，就要把做得好的人和做得不夠好的人，或者資深員工與新人之間的差異，具體地呈現出來。就像前面提到的，即使是針對相同事物，彼此的「看法」還是可能不同。

要理解對方，就要特別注意彼此認知的「事實」之間的差異。因為很多時候，問題不是出在「想得不夠」，而是「沒有看到該看的東西」。

舉一個跟汽車駕駛有關的實驗例子。

開車技巧與對車身大小的掌握很重要，但最重要的還是「安全」。能預測可能發生的危險，並採取迴避行動的人，才是「開車開得好的人」。那麼，你認為新手駕駛與經驗豐富的駕駛，兩者之間的不同究竟是什麼呢？

其實，有一個方法能夠看出兩者之間的差異。透過一種叫作「眼動儀」的裝置，記錄駕駛者視線的移動軌跡後可以發現，資深駕駛與新手之間的差異非常明顯。

我在學生時代曾經跟隨過研究這項技術的老師，也看過實驗的結果。

實驗發現，資深駕駛會不斷轉移視線，不只看前方，還會看後照鏡、儀表板與側邊的後視鏡。

而新手駕駛則幾乎只看前方，很少查看後方或側邊，這也導致他們容易忽略視野死角中的危險，或是掌握狀況的時間較慢。

這項實驗讓我們知道：即使身處同樣情境，能注意到的事物也因人而異（有些事物新人甚至可能沒注意到），對眼前事物的解析度也會不同（理解程度不同）。**當這些「差異」能夠具體呈現出來時，我們就能清楚掌握該加強的重點與需要調整的方向，而有經驗或具備能力的資深者，也能更容易將自己的做法具體表達出來。**

在工作中，可以扮演「眼動儀」角色的工具，就是「紙和筆」。建議使用橫放的Ａ４紙，在中間畫一條垂直線，將紙分成左右二欄。

當你和某位團隊夥伴一起工作後，請雙方分別在Ａ４紙的左邊，寫下自己「看到什麼」、「聽到什麼」。接著，在右邊欄位寫下自己對那些觀察結果「有什麼感覺」、「有什麼想法」。寫完後，彼此交換紙張，找出雙方的共通點與不同之處。

比方說，你和一位新人一起拜訪客戶後，可以趁著印象還新鮮時，把「在商談中看到與聽到的內容」與「自己感受到或思考的部分」用手寫方式記錄下來，然後彼此對照。

這樣一來，就可以明確看出你和新人的觀察點有何不同，對客戶哪句話有反應等差異。這些落差，往往就是該指導的地方或方向。因為那些你注意到的資訊，可能被新人忽略了。當然，新人所觀察到的內容，有時也會為你帶來新的啟發。

此外，即使看到與聽到的是相同內容，彼此的「解讀方式」也可能不同。例如，客戶說「希望這個月底前能交貨」，你覺得「時間有點緊迫」，但你身邊的夥伴卻覺得「應該還有時間吧」，這時就可以深入瞭解彼此為什麼會有不同感受，進而發現需要提點的地方。

透過書寫方式把這些思考「具象化」，就能清楚知道團隊夥伴現在的「位置」（夥伴寫的那張紙）和要到達的「目標」（你寫的那張紙）在哪裡。

不要去強調那些「看不見的東西」——像是經驗、直覺、個性或品味，**而是要專注在「看到什麼、聽到什麼，因此想到什麼」這些具體的事實差異上**，才能讓教導與溝通更加順利。

Tips

聚焦於「對方沒注意到之處」來進行觀察與指導。

提振團隊士氣的稱讚方式

「你真的很努力呢。」

「這份資料做得很好喔。」

——聽到這些話，幾乎沒有人會因此感到不舒服吧。對於說話的一方來說，與其講一些不中聽的話，稱讚對方當然也會更輕鬆愉快。

我自己也一直有意識地聚焦在「做得好的地方」，希望用稱讚來激勵他人。但同時，內心也常常感到些許矛盾與困惑——經常說「不錯喔」、「辛苦了」，真的有幫助夥伴提升動力嗎？

舉個例子，平常總是挑毛病、很少稱讚人的主管，難得稱讚你一下時，你會不會開心得快要跳起來？

反過來說，若是那種總是滿口稱讚的人再稱讚你一次，會不會覺得「嗯……還好」？但我又無法把自己變成那種「不怎麼稱讚別人」的角色，這讓我十分困擾。

後來我開始參考一種考慮對方「邏輯層次」的說話方式。美國的企業顧問，同時也是NLP（Neuro Linguistic Programming：神經語言程式學）的共同開發者羅伯特・迪爾茲博士（Robert Dilts），將人的邏輯層次分為六個階段，如下頁圖示，由下往上分別是：環境、行為、能力、信念與價值觀、身分、使命（超越自我的存在）。

當我們想稱讚對方時，若能針對愈上層、愈接近人本質的層次，如：能力、信念與價值觀、身分等方面給予肯定，對方會更能感受到自己被真正地認同與理解。

比方說，你是一個總把書桌整理得很整齊的人。

如果別人說：「你的桌子總是整理得很乾淨呢。」（針對環境層次）

聽起來雖然也不錯，但如果對方這樣說：

「即使再忙，你也總會安排時間整理，並且一直堅持下來，真的很厲害。」（針對能力

■六個邏輯層次■

層次）

「你那種『工作要從整潔開始』的態度，真是令人欽佩。」（針對信念與價值觀層次）

獲得這樣的稱讚時，是不是會更有「自己受到認同」的感覺呢？

因此，**在稱讚團隊夥伴時，也請不要只稱讚看得見的結果或表現，試著去關注能力、信念與價值觀這些更深層次的面向。**

重點在於：你想稱讚的「理由」是什麼？先指出對方的「具體事實」，也就是具體的行動，再連結到對方的「能力」或「價值觀」，就能讓稱讚變得更具意義。

舉例來說，如果某位團隊夥伴成功談成一筆大生意，你會怎麼稱讚他？

比起只說「幹得好！」或「恭喜你拿下這個合約」，不如這樣說：「在商談中你總是很認真傾聽客戶的話，發言也都很到位。」先指出具體行動，再接著補充：

「這正是你一直以客戶為優先的態度所帶來的成果。」

「你已經具備能針對客戶的需求，提出最合適建議的能力了。」

透過具體的行動與成果來說明，讓對方清楚知道，自己的哪個部分被肯定了。

此外，像「你一直以客戶為優先」這種屬於信念與價值觀層次的特質，往往連當事人自己都未必會意識到。

透過這樣的稱讚方式，不但能讓對方產生新的自我發現，也更能激發他的士氣與行動力。

Tips

稱讚時別忘了指出「具體的作為」。

借助上司肯定，加倍強化士氣

當團隊夥伴在關鍵時刻努力突破、創下重大成果，或對公司做出高度貢獻時，還有一種進一步強化士氣的方法——

那就是，讓你的上司親自給予讚揚。

對夥伴來說，這位「上司的上司」通常是更高一層的主管，尤其在組織規模大的情況下，彼此之間不太有直接互動的機會。

特別是在大型企業或工廠裡，一個部門可能有超過一百名員工。龐大編制下，基層員工幾乎沒有機會與直屬主管以外的管理階層說上幾句話。

因此，**讓更上層主管來稱讚你的團隊夥伴，不僅能激發他們的幹勁，也是一個讓上層**

「認識這個人」的好機會。更何況，當平常沒什麼交集的人特地來稱讚自己，通常會讓人感到備受重視。

不過，當你希望上司能表揚你的團隊夥伴時，請不要只是模糊地說：「這次專案中，下屬A貢獻很多，能請部長幫忙讚賞一下嗎？」而是要具體傳達A的實際行動與貢獻內容。例如可以這麼說：「這次能順利完成商談，是因為A主動收集並分析了超過一千筆客戶意見，成功找出突破點。」透過具體的描述，**讓對方明確知道你想肯定的是什麼行為。**

同樣地，也不要忘了明確說明成果。與其簡單地說「他提升了工作效率」，不如改為：「他設計出一個誰都能簡單輸入的系統，而且完全不花錢。原本需要一個小時的作業，現在只要二十分鐘就能完成。」畢竟若說得太模糊，你的上司也會不知道該從哪個角度給予肯定。

這邊分享我的經驗。有一次，工廠出現重要設備故障而無法運作的突發狀況，我的某位團隊夥伴馬上進行緊急處理，讓設備恢復運作，成功阻止問題擴大。

當時，我的上司（是位男性部長）也在場。他對那位夥伴說了一句：「你真的很可靠耶！」

聽到這句話，那位夥伴露出了非常開心的神情。看到他的反應，我深刻體會到：「原來，受到平時鮮少有機會從他那裡獲得稱讚的人一句肯定，反而更能讓人感到開心啊。」同時，雖然只是一己之見，但我發現：「也許男性從男性主管那邊獲得肯定，會特別有成就感吧。」

無論如何，能夠獲得其他層級的領導者稱讚，對團隊夥伴來說，絕對是一件令人振奮的事。所以，在一些重要時刻，請務必主動幫他們創造「被更高層主管稱讚」的機會。

Tips

請向上司明確傳達夥伴的「具體行動內容」。

當團隊夥伴犯錯時，請從「要怎麼做會更好？」的角度思考

你是否聽過一種用來解決問題的方法——不斷追問「為什麼？」來釐清問題根本原因？這種「問題解決手法」在製造業特別常見。例如當機器發生故障，或在推動業務改善時，我們過去也經常使用這種方式。不過，這種方法不建議用在人身上，因為很容易演變成「找出誰該負責」的追究場面。

有一次，因為負責人誤判情況，導致延遲應對漏水事件。當時有上級指示，要我們找出為什麼未能及時處理，並好好對應根本原因，於是我們就套用這套問題解決流程來探討原因。

「你覺得這次應對哪裡出問題了？」

「沒有馬上到現場確認，是我做得不好的地方。」
「我也錯在先入為主，以為是生產那邊的狀況。」
「那為什麼沒有馬上去現場確認呢？」
「因為我覺得沒什麼大不了的。」
「那為什麼會覺得沒什麼大不了呢？」
「……」

現場的氣氛漸漸像是守靈夜一樣沉重，最後得出的結論變成了「因為負責人能力不足」這種彷彿在找犯人的說法。我覺得，這種不斷追問「為什麼？」的過程，讓人有種被一步步逼到牆角的窒息感。

幾個月後，我參加了一場針對管理職舉辦的研習會，主題是「如何營造有活力的職場」。這是一場邀請外部講師來分享的訓練課程。講師一開始就說：

「傳統的問題解決手法，對於跟『物品』或『系統』相關的狀況很有效，但並不適合用在人與組織的問題上。**重要的不是追就『哪裡出了問題』，而是從『希望實現的理想狀態』**

的角度來思考。」

聽到這句話的瞬間，我心中長久以來的疑惑瞬間被解開，眼前彷彿一片光明。從那時起，我將這種**「解決導向」**的思維，視為重要的管理方針。

至此過後不久，有一次又發生了非常緊急的突發狀況。團隊裡一位年輕、沒有處理類似經驗的夥伴，因為不知道該怎麼做，導致延誤初步的處理。

隔天，我對此開會召集團隊夥伴。在說明事故發生的背景、原因與當天的應對過程後，我沒有問：「為什麼處理慢了？」而是改問：「你們覺得如果當時能怎麼做會更好？」

結果，夥伴們開始積極發言，提出各種看法。接著我又問：「那為了做到這些，我們能做些什麼呢？」

於是有人說：「可以在現場貼提示標示」、「放上圖示說明」、「做一張檢查表」等，各式各樣的點子接連湧現。

我接著補充：「其實，這次事故我覺得事前應該有些前兆。」並說明這些前兆可能有哪些表現，然後問：「你們覺得，要怎麼做才能更早發現這些前兆呢？」

其中一位夥伴回答：「平常檢查時多觀察一下，應該就能發現。」

於是我再追問：「那要怎麼做，才能讓大家都能注意到呢？」夥伴便回答：「我會把這項檢查項目加到表單上。」「在現場貼提示標語，我們這班會來負責。」

大家的態度都非常積極主動，整個團隊氣氛也明顯改善了。

比起一味追問誰該負責，「共同描繪理想結果」能更有效地帶動團隊行動。

當我們以「希望實現的理想狀態」為出發點，一步步思考「那為了做到這一點，接下來該怎麼做？然後呢？」的過程中，會激發出愈來愈多創意和具體行動。即使每一步都很小，但你會清楚感受到自己正朝著理想的方向前進。

當問題牽涉到「人」，請不要只聚焦在「哪裡出問題」，而是轉向「我們想要什麼樣的結果」。這樣不只能改善職場氣氛，更能讓團隊主動、自發地採取行動。

Tips

從「我們希望得到什麼結果」開始思考。

傳達改善建議時的表達方式

「經常開會遲到。」

「常出現粗心大意的錯誤，甚至被客戶投訴要求更換負責人。」

當面對團隊夥伴的這類「問題行為」時，或許有人會擔心：「身為領導者，我能否嚴正指出問題呢？」要對他人提出指正，尤其是說出對方不想聽的話，是一件很耗費能量的事。

我自己也曾因害怕遭夥伴討厭，一開始只能勉強說句：「下次要注意喔！」根本無法好好提醒對方。而且，即使自己沒有那個意思，萬一被對方認為是在職場霸凌，那也會很冤枉吧。

當你希望對方改善某些行為時，關鍵是聚焦在「客觀事實」上。

第一五〇頁中提過，人類的意識有六個層次。稱讚他人時，我們應聚焦在圖中金字塔上層的能力、信念與價值觀、身分這些部分；但**相反地，在要提出提醒或指正時，就應該聚焦在金字塔下層的行為與環境**。這裡所說的「環境」，是指「何時、在哪裡」等外在情境。

例如，對於經常開會遲到、常出現粗心錯誤、無法準時完成工作的人，如果說出「你很不負責任」、「你還活在學生時代吧」、「你做事太慢了」這些「你就是怎樣怎樣」的話語，實際上是在否定對方的身分、信念與價值觀或能力，這樣的說法很可能會傷害對方，甚至讓對方覺得人格遭受否定。

但我們真正希望對方改善的，是「問題行為」本身。

因此，**應該避免說「你就是怎樣」，而要改為具體指出：「你的〇〇這個行為存在問題。」**

另外，有時也可能是導致這些行為的「環境」出了問題。

例如，會議時間本來就排得不合理、沒有防止犯錯的機制等等。有時只要改善環境，就能同步改善問題行為。

這時，不妨和當事人一起思考：「在什麼樣的條件下能夠改善？」接著再讓對方具體想出「該怎麼做比較好」。**與其只讓對方說出「我下次會注意」，更重要的是「我接下來會怎麼做」，明確訂出行動。**

總而言之，當你希望改善團隊夥伴的問題行為時，請著重於作為客觀事實的「具體行為」與「觸發該行為的環境」。這不只能幫助夥伴成長，也能帶動整個職場的環境改善。

Tips

用「〇〇行為或環境存在問題」的角度來看待事情。

擁有指定搭擋的決定權

在分配工作角色、編組專案團隊時，能根據團隊夥伴彼此的合拍度、擅長與否來進行搭配，這正是領導者的職責之一。

我過去工作的職場採日夜輪班制，會將員工分成四個由五到六人組成的小組，輪流進行工作。

從剛高中畢業的新進員工，到即將退休的資深員工，小組成員的年齡層與經驗背景都非常多元。有些年輕員工已擁有專業資格、技術純熟；也有些是從完全不同職種轉調過來，對目前業務還不熟悉的中高齡員工。

如果小組成員一直不變，各自的角色就會變得固定化。因此我們會在每年分發新進員工時，同步調整小組的編組。雖然這常讓人傷腦筋，但也是更深入瞭解每個人的好機會。

我會在面談時詢問：「你希望接下來能學會哪些技能？」或者「你認為自己可以為其他夥伴提供什麼？」來作為安排小組成員的參考。

例如，如果有人提出「我想更瞭解電氣設備」，那我就會安排他與對電氣設備熟悉的人同組。

此外，也會盡量詢問是否有「不太合得來的人」，以避免將他們安排在同一組，盡可能考慮人際相處上的舒適度。

某些特別擅長指導的資深員工，會很受年輕員工歡迎，經常有人說「我想和F先生／女士同組」。像這種情況，我就會把最有熱忱、而且我認為在一年內有潛力成為像F那樣角色的夥伴，安排進同一組，請F負責培養對方。

當然，這不是在組感情好的「小圈圈」，所以不可能完全滿足所有人的期望。在調整好小組後，我也會一一向每位夥伴說明為何會有這樣的安排，並傳達「我希望你在這個小組中扮演這樣的角色」。

當人數少時，工作內容很容易過度依賴特定個人。

這種情況下，那個人就很難休假；而如果他臨時因病或其他原因無法出勤，工作流程就可能中斷，這對整個組織來說是個風險。

所以，我會採取主負責人與副負責人的搭配制度，讓大家都能和其他人搭檔工作。部分夥伴的工作量會因為成為副負責人，需要處理的內容變多。本來擔心會引起不滿，但意外地聽到許多正面的回饋：「能學到新的工作內容，很開心。」

而且，也有夥伴在與他人合作後，發現自己單打獨鬥時沒注意到的改善點。即使只是讓某部分工作改為二人合作，也能增進彼此瞭解、建立良好團隊默契。

把失敗與危機轉化為「故事」分享

沒有人想失敗，也沒有人想碰上麻煩的突發狀況。實際上，工作中出錯或發生問題的機會並不多。正因如此，偶爾遇到一次時，常讓人感覺是「運氣不好」。

但也因為這類狀況少見，我反而認為是相當珍貴的經驗。而且，失敗其實是最好的教材，不加以活用太可惜了。

然而，若只是為了防止再次發生，而增加作業流程文件、重新教育員工等，往往只會流於形式。因為沒有親身經歷過的事，很容易就被認為不關自己的事。

那麼，要怎麼做才能讓大家把這些事情當成「自己的事」來看待呢？

關鍵在於，讓大家以「如果是我面對這樣的狀況，我會怎麼做？」為前提，回顧這些案例。為了達到這個目的，我選擇將失敗與突發狀況的案例「故事化」後傳達出去。

如果只是像報告那樣條列發生情況、原因、對策，即使有人讀了，也無法真切感受到當時的情境。**但若能像重現劇那樣寫成故事，讀的人會更容易代入情境，彷彿自己身歷其境。**

舉個例子，假設發生了「負責人誤判，導致延遲處理漏水」事件。在一般的突發狀況報告書中，可能會簡單寫成：

【發生情況】

・〇點〇分：冷卻水槽水位過低，警報響起。

・向生產部〇〇班長確認是否有進行保養。

僅僅二行就交代完畢。

但我會將之改寫成以下這樣的故事：

「有一天，『冷卻水槽水位過低』的警報響起。這個警報在生產設備保養時偶爾會出現，過一陣子通常會自動恢復。我心想：『大概是照慣例在做保養吧。』於是打電話向生產部班長確認是否正在保養中。」

這段故事加入了從報告書中看不出的情境描寫與當事人的內心想法，藉此讓人感受到當時現場的「真實感」。

我讓全體夥伴都讀了這篇文章，並請他們思考：「當時應該怎麼做比較好？」「如果是你，你會怎麼處理？」

藉由客觀地審視整個狀況，夥伴們會意識到：「其實應該先去現場確認水槽的狀態，卻因為『應該是在保養』這樣的預設立場而做了錯誤判斷。」同時他們也會感受到：「如果是我在現場，可能也會一樣地錯判。」

像這樣的「重現劇」方式有很多種。比方說，可以透過「地震體驗車」讓大家親身體驗震度六的搖晃感，模擬災害發生時的情況；或是用角色扮演的方式，模擬處理客訴的流程。不過，這類模擬往往需要投入時間與成本。

相比之下，「用文字重現」是最簡單也最省成本的方法。一旦完成一篇故事，之後任何時候都可以讓需要的人閱讀。

在A4紙上條列式寫成的突發狀況報告書，充其量只是「紀錄」而已。**但如果想作為「教材」來活用，最推薦的方式是以能清楚描繪當時情境的「文章」形式留存下來。**

Tips

將失敗與突發狀況「寫成文章」，才能真正發揮價值。

提升工作順暢度的實用方法

公司由各種組織組成，而這些部門或單位之間，有時會出現利害衝突。以業務部與生產部而言，有時便會發生「因業務接受了客戶的特殊訂單，導致生產計畫被迫更動，甚至得加班才能趕上進度，讓生產部門出現不滿」的情況。

又比方說，與合作廠商之間的關係，若一開始就把彼此定位成「發包方與承包方」，發包方便可能會理所當然地提出不合理的要求，甚至產生「我們比較高一等」的錯誤心態。

對於這類**容易產生利害衝突的組織或對象，領導者應該主動出面，事先建立良好的關係。**

即使是在同一間公司內部，也難免會有因臨時插單，或發生錯誤而造成彼此困擾的情況。這種時候，是否能夠愉快地合作，其實取決於領導者的態度。

當我還只是小員工的時候，也曾遇過其他部門來求援，希望我們想辦法在當週提供資料，而我也只好暫停手邊的工作來協助他們。

這樣的情況下，有些部門的主管會親自來拜託：「真的很抱歉，但能幫幫忙嗎？」能感受到他們的低姿態，也讓人比較願意幫忙；但也有部門是用一種「理所當然你就該幫我做」的語氣來要求配合。有一次我忙到抽不出手，結果對方部門的人打電話來說：「大概什麼時候能好？我主管叫我去回收了。」

聽到這句話，我火就上來了，心裡想：「我再也不想幫這個部門了！」

正因為有過這樣的經驗，當我成為主管之後，若是需要麻煩其他部門或廠商，或者有臨時請求時，我都會親自出面致歉。此外，我也會盡可能避免讓突發的插單任務發生。

大家都是同一間公司的人，彼此互相幫忙本來就是應該的，但既然要合作，也希望是心甘情願、合作愉快。

若是領導者能主動與其他部門及合作廠商建立良好關係，到了關鍵時刻，對方就會說：「如果是○○先生／小姐的請託，我們來幫忙吧。」這樣一來，實際執行工作的團隊夥伴，也會更容易推動手邊的任務。

Tips

領導者應主動與其他部門建立良好關係。

說明時，請使用連國中生也聽得懂的語言

為還不太瞭解工作內容與公司內部狀況的新進員工說明，正是提升自己溝通能力的好機會。這時最基本的原則，就是使用連國中生也能理解的用詞來說明。

尤其要注意的是，大家常因習慣，不自覺就脫口而出公司內部特有的術語或簡稱。但如果在完全沒有任何說明的情況下，突然使用只有內部人才懂的詞語，對方很可能會產生一種疏離感，感覺自己被排除在外。即使你完全沒有那個意思，也可能帶給對方這樣的觀感。這點在面對中途轉職進來的員工也是一樣的。

話雖如此，讓新進員工盡快記住公司內部用語與簡稱、更快上手工作，也相當重要。這時，整理一份用語對照表或小詞彙集，也是個不錯的方法。

每個職種都有自己特有的術語。你的工作中，又有哪些常用術語呢？當然，有些詞語確實難以用其他表達方式替代。

即便如此，我們還是應該盡可能以容易理解的語言來解釋。比方說，用生活中常見的東西來比喻，或者舉具體例子說明，讓對方更容易掌握意思。

我過去工作的地方也常用到各種專有名詞。例如，在廢水處理場中，有一種「加壓浮上裝置」，用來讓廢水中的油脂或垃圾浮上水面後再刮除。如果我這樣解釋：「這是利用加壓水處理廢水中的……」就會發生這樣的情況──

「加壓水是什麼？」

「加壓水是將加壓空氣溶入水中的東西……」

「把加壓空氣溶入水中是什麼意思？」

這樣一來就得不斷延伸說明，講得沒完沒了。

這時，若用比喻來解釋就容易多了。例如可以這樣說：

「你倒汽水進杯子時，不是會冒泡泡嗎？這個裝置就是利用這個原理，讓泡泡帶著廢水中的油脂與雜質浮上來，再將之刮除。」

這樣說明，應該比較容易讓人產生畫面吧？**說明的重點在於「不要解釋過頭」和「不用太追求百分百精確」。**只要掌握專業術語中「最具特徵或本質的部分」，用生活中的例子來說明，就能讓人比較好理解。如果單靠語言說明太困難，也可直接展示實物或畫圖輔助。

另外，也要盡量避免使用太艱澀的詞語。我聽過一個例子，有位外國人店員在便利商店被客人問：「請問宅配的集荷是幾點？」結果店員因不懂「集荷」的意思而手足無措。「集荷」就是集貨（收貨）的意思。如果改成「請問幾點會來收貨？」或「幾點有人會來收包裹？」這種比較簡單的說法，可能外國人也能理解了。

總而言之，說明的基本原則就是：「使用連國中生也聽得懂的語言。」

Tips

不要突然使用專業術語或業界術語。

傳達訊息時，請使用能讓對方具體想像的語言

你覺得什麼叫作「成功傳達」？

「成功傳達」的意思，即雙方共享同一畫面，也就是自己所說的內容，與對方腦海中浮現的情境幾乎一致的狀態。為了達成這個狀態，就必須使用能讓對方具體想像的語言。

然而，公司裡實則充斥著許多抽象詞彙，比如：提升業務效率、強化員工意識、充實培訓內容等。尤其是公司的願景或經營方針，往往都非常抽象。因為要讓擁有不同工作內容與角色的團隊夥伴朝同一方向前進，語言必須具有彈性與包容性，涵蓋多重意義。

而我們身為領導者，必須將這些願景具體化，導入到自己的團隊中，並轉化為每個人都能實踐的具體目標。

在這個過程中，所使用的語言也要變得具體，最好能清楚描繪出達成後的未來藍圖，讓彼此可以共享這樣的畫面。

舉例來說，如果你想打造出「每個夥伴都能感受到成長的團隊」，就要具體思考，什麼樣的狀態下才算是「每個人都感覺到自己有在成長」。務必具體到能夠想像出畫面為止。

這時，我們常常會將焦點放在「該怎麼做（How）」上，例如：定期舉辦學習會、建立鼓勵考取證照的制度、用數值評估技能來客觀呈現成長幅度等等。雖然這些都很具體，但還不能稱作「未來藍圖」。重點是，要再往前一步思考：「這些做法會帶來什麼樣的改變？」**能夠具體想像的訣竅，就是思考「希望什麼樣的人，變成什麼樣的狀態」**。如果你想打造出「每個夥伴都能感受到成長的團隊」，就要進一步思考：「怎樣的人在達到什麼狀態時，才會覺得自己有成長？」並試著搭配對白或具體場景，一起描繪出來。

例如：「原本在發生突發狀況時，只能尷尬地站在資深員工身後、手足無措的新進員工，後來能主動指示其他人，流暢地應對處理。」像這樣具體描寫，讓人腦中可以浮現出畫面、甚至彷彿聽見聲音。

這些是光從「感受到成長」這個詞，無法想像出的場景吧？而且，因為聽的人也能具體想像這個畫面，就會更容易想出「如果要達成那樣的未來，我們或許可以試試看這樣的做法」這類的點子。

將「希望達成的狀態」或「理想中的模樣」具體化至能夠形成清晰畫面的程度，也非常適合運用在協助團隊夥伴設定目標的時候。

設定目標的初期階段，常會出現較抽象的表述。此時可透過引導式提問，協助對方描繪出具體情境，比如：「你希望自己成為怎樣的人？」「當你達成目標時，會有什麼樣的感受？」「會有誰對你說出哪些話？」

語言愈具體，實現速度與行動明確性也將大幅提升。

Tips

請用「能讓人具體想像的程度」來表達。

指示需具體明確，明示每個步驟

造成誤會或溝通錯誤的原因之一，就是事先抱有「沒說也應該懂吧」這種錯誤的假設。

我們常說日本人擅長「察言觀色」，但即使如此，資訊未能正確傳達的情況仍屢見不鮮。相信大家都有親身經歷，而這正是因為**每個人對語言的解讀方式都不同。**

此外，能夠不需多說就彼此理解的情況，通常只有在「高度同質性」的群體中才會成立。

但職場上每個人的性別、年齡背景各異，未來也會有愈來愈多機會與來自其他國家的人共事。在這樣的環境中，期待對方能察覺自己的意圖是不實際的。我們應該從一開始，就明確地向他人給出具體的指示。

例如，比起說「今天之內」，應該說「請在今天下午三點前完成」；比起說「這週內」，應該具體指出「請在○日之前處理完」。

因為你說的「今天之內」可能是指「上班時間內」，對方卻可能理解為「直到今天晚上十一點五十九分都可以」。即便你理所當然地認為今天之內就是指到下班時間，也不能保證對方會有相同認知。**假定對方與自己不同、明確傳達訊息，是非常重要的。**

同樣地，像「請再想一下」「你先思考看看」這類模糊的說法，也常讓人無所適從。單靠「思考」這個字眼，對方可能根本不知道具體應該做什麼。

又例如，你「暗示」性地說：「看來我們要準備一些客戶來訪時要用的資料呢。」對方也不見得會明白你是希望他準備文件。

與其以模糊的語氣傳達，不如明確指出具體行動，例如：「請提出三個方案」、「請先準備好是否可行的結論」、「請製作○份資料，並排放在會議室桌上」。重點在於明確說明「要做什麼」，也就是將指示細化為具體可執行的步驟與行動。

此外，用聊天軟體傳達指示，也容易產生誤解。舉例來說，當上司傳來一則訊息：「請帶二支藍筆跟紅筆來。」你會怎麼理解？

我在某場研討會上提出這個問題，得到的答案分成三種——「藍筆和紅筆各二支」、「紅筆一支、藍筆二支」與「紅筆和藍筆各一支」。

也就是說，解釋方式可能因人而異。如果真正的意思是「藍筆二支、紅筆一支」，就應該具體寫明：「請帶藍筆二支、紅筆一支來。」

即便口頭或文字表達時，會覺得這樣的敘述繁瑣而囉唆，**但在工作中，這樣的「囉唆」才恰到好處**。請務必用無論任何人都能有相同理解的方式，具體明確地傳達指示。

Tips

即使顯得囉嗦，也要傳達得夠具體。

如果要推動新事物，先說明「非做不可的原因」

身為領導者，時常需要推動新的制度、流程，或開展前所未有的計畫。然而，每當面對新制度即將上路時，你是否也曾有過「又要開始一件麻煩事了」的想法呢？

為了因應時代變遷，企業勢必需要調整方向，例如導入新的管理制度、人事制度或績效評估機制等。

然而，即使制度是在高調宣布下啟動，最終卻仍常見流於形式、甚至無疾而終的情況。

為什麼會這樣？

關鍵在於，人性本能上就傾向抗拒改變。只要現況沒有帶來明顯困擾，就難以激起改變的動力。特別是當企業運作無法被視為「自己的事」時，員工往往會覺得麻煩，甚至產生

「被迫改變」的不滿情緒。

若希望全體成員真正理解「為什麼必須改變」，並**讓新制度或行動順利落實，就必須經歷一個必要歷程——也就是「①解凍→②轉型．變革→③再凍結」的三個階段。**

這是德國社會心理學家庫爾特．勒溫（Kurt Lewin）於一九四七年提出的「三階段變革模型」。

在第一階段的**「解凍」**中，目的是讓大家意識到現有做法已不再適用，並做好心理準備迎接轉變；第二階段**「變革」**，則是實際導入新的制度與觀念；最後的**「再凍結」**階段，則是讓新做法逐漸穩定下來，最終內化為組織日常運作的一部分。這三個階段缺一不可。

可以用將圓形冰塊變成方形冰塊的過程來比喻——冰塊不可能直接改變形狀，必須先融化成水，再倒入新的模具中重新冷凍，才能重塑成新的樣貌。

我第一次在公司內部訓練課程中接觸到這個三階段變革模型時，對「從解凍開始」這個觀點感到相當震撼。

在那之前，我總是聚焦在怎麼推動新制度、怎麼讓新制度深植職場這些技術面問題，卻

■庫爾特・勒溫的三階段變革模型■

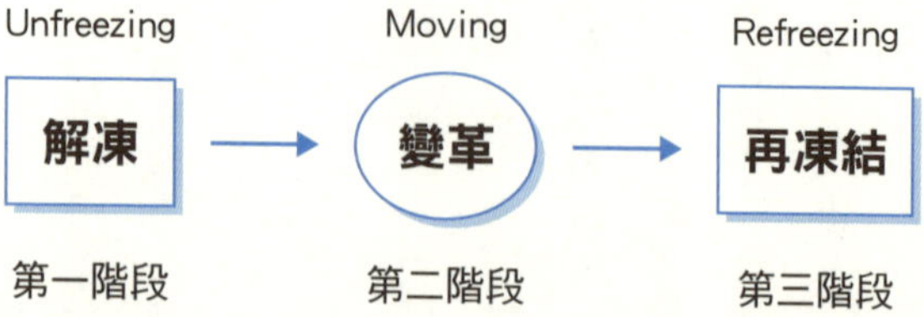

忽略了最根本的一步——「解凍」。這一步指的是放下過去的做法，清楚傳達為什麼現在需要改變，並讓這個認知於組織內部共享。

當時我負責推動工廠的環保應對措施，以及員工的環保教育。雖然我們的工廠對外被評為「重視環保的優良工廠」，但實際上，我們的能源使用量與廢棄物排放量卻高得驚人。

公司每個月都要支付高額電費，但我們所做的節能措施，不過是「中午休息時間關燈」這類零碎小事而已。

於是我開始著手建立節能推動體制，並針對各部門設定節能目標，試圖推動制度改革，但結果並不順利。因為我跳過了「解凍」這個必要過程，直接丟出新制度。就像對著一塊圓形冰塊說「接下來我要你變成方形」一樣荒謬。

我這才意識到，**應該先讓大家認同「改變的必要性」。**

於是我調整了傳達方式，改以「電費」來說明，而非單純講「用電量」或「碳排放量」；也會向管理階層說明「若不改變，未來可能面臨的風險」，進而共享「如果維持現狀就會出問題」的危機感。

同時，我也與同事們討論：「我們想打造什麼樣的工廠？」「現在社會又期待怎樣的企業環境？」與大家共同描繪「理想的未來樣貌」。

隨著這樣的溝通與行動展開，陸續開始出現願意主動協助的夥伴。在對員工進行問卷調查時，有多達百分之八十三的人也表示：「對環境議題的意識有所提升。」雖然進展緩慢，但整體的推動開始產生正向循環。

因此，**若你想推動某項新做法，請先讓大家理解「為什麼需要改變」。不要急，從一步一步地傳達開始，就能為變革鋪好基礎。**

Tips

請先說明「為什麼需要開始新的做法」。

親口表達感謝更有力量

這是在中國發生的一件事。有次我收到一位負責我指派工作的中國籍員工傳來的工作完成報告。

聽完報告內容後，我對他說了一聲「謝謝你」，沒想到他笑著回我一句「好奇怪」。他接著解釋說：「妳是上司耶，怎麼會說謝謝？上司交代的工作，本來就是下屬該做的，沒什麼好道謝的啊。」

確實，我在中國職場上，幾乎沒看過上司會對下屬說「謝謝」的情況。甚至說完成上司交辦的工作，本來就是理所當然的事情。

但對我來說，在職場中就算是上司與下屬的關係，只要對方有幫忙，我還是會想說聲謝謝。

所以我跟那位夥伴說：「雖然我是上司，但我還是想對你說謝謝。我在日本時也是這樣做的，所以這部分就讓我用日本的方式來吧。」當然，他聽完後也欣然接受。

其實，當我對那位說出「奇怪」的夥伴，還有其他中國籍員工說「謝謝」時，他們的臉上都會露出開心的神情。這讓我再次深刻感受到——**聽到別人對自己說「謝謝」這件事，無論在哪裡，都是會讓人感到愉快的。**

「因為身為下屬，為上司做事是應該的。」

「反正我有付薪水，吩咐他們做事是理所當然的。」

與其抱持這樣的心態，不如懷著感謝你為我做事的心情，自己也會更自在、心情更好。

而且，許多時候，當你失去了原本視為理所當然的事物時，才會真正明白其可貴之處。

所以，我們應該時時記得——所謂「理所當然」的背後，其實藏著許多值得感謝的事。**一個**

所有人能互相將「謝謝」說出口的職場，也會逐漸成為一個願意互助的環境。

不過有一點要注意：可別讓「謝謝」淪為空泛的客套話。

如果你眼睛盯著電腦螢幕，一邊敲鍵盤一邊說：「謝啦，文件放那邊就好。」這種感謝的話語，其實是無法真正傳達心意的。只要幾秒鐘的時間，如果你正忙，也請稍微停下手邊的事，**抬頭看著對方的眼睛，真誠地說聲「謝謝你」**。

重點不只是開口說出「謝謝」，而是讓對方真切感受到，你的這份感激之情。

Tips

將感謝之情，真誠地傳達給對方。

領導者也要重視「回報」

在與團隊夥伴對話的過程中，是不是常常會出現像是「那我去問一下○○部門」、「我跟總公司確認一下」這類情況呢？

我有時因為工作太忙，會不小心忘記回覆確認結果。常常是對方過幾天問我：「那件事你有問了嗎？」才驚覺忘了查，趕緊聯絡確認……這樣的情況發生過好幾次。

每當發生這樣的事，我都會非常懊惱，害怕因此失去別人對我的信任。後來我學到，如果抱著「之後再做」的心態，事情很容易就會遺忘。所以我開始盡量當場就處理，例如改說：「那我現在就問問看。」盡可能即時處理。

當然，詢問之後也不一定馬上就能收到回覆。如果需要時間，我會主動更新進度，像是說：「那件事我已經在問○○部門了，還沒收到答覆，再等一下喔。」

這樣做也可以讓對方安心。這些小小的回報，就是促進良好溝通的關鍵。

說到職場溝通，從以前就常提到工作的基本功——「報聯商（報告、聯絡、商量）」。以前的我以為這主要是用於對上司報告，是下屬該做的事。

但後來我發現，其實**上司對團隊夥伴也有很多時候需要主動報告、聯絡、商量，**而不是一味等下屬開口。領導者應該更積極主動，從自己開始建立溝通。

近年來，我聽到很多人在抱怨：「下屬都不報告進度。」

我自己當年在中國工作時，也遇過一樣的問題。在中國，原本就沒有報聯商的習慣。當我心裡想「那件事到底進度到哪？」的時候，只能主動一個個去問。

但如果我一直不斷追問、甚至連細節也都問個不停，對方反而會懷疑我對他的信任程度。而我同時還得向在日本的上司回報工作進度，因此每天都在苦苦網羅資訊。

一開始，我對中國員工不主動回報感到困擾，但後來才發現，我跟上司回報的這件事，從來沒跟在中國一起共事的夥伴們分享過，也沒說清楚我的上司對我交代了什麼。換句話說，其實我自己也沒對他們「報告」過。

於是，我開始向他們解釋為什麼我希望他們回報，並具體說明希望他們在什麼時間、用什麼方式、提供哪些內容。

例如，我會說：「請你每週一用訊息傳一份圖表，讓我知道工程的進度。」一旦目標明確、步驟清楚，他們就會照做，因為這樣就成了他們工作的一部分。

當收到日本上司的回饋後，我也會將內容轉告給中國員工，例如：「你上次的進度報告，上司回饋說哪裡很清楚。」這樣持續來回溝通後，他們也開始會主動問我：「這部分也要加進報告裡嗎？」讓整個工作流程順暢很多。

若只是焦躁地悶著頭等別人來報告，只會讓事情難以推進，不如從自己開始主動做起。其實，身為主管，也有很多值得報告給團隊的內容。

比方說：「之前A先生提交的申請案，我剛才去跟本部長說明了，今天應該就能核准了喔。」這類小訊息就能提升溝通的透明度。而且，最好親自走到團隊夥伴身邊講，不要只是用訊息簡單帶過。

我一直認為：**「對方就像一面鏡子，反映的是自己。」**如果對方沒主動回報，也許是自己也沒有對他們說明或報告什麼。所以，不妨就從這些日常小互動開始，重視每一次的溝通。

Tips

別忽略那些看似微不足道的互動，這正是建立良好關係的起點。

第6章

既然已經成為領導者，就再勇敢跨出一步吧！

• • •

正因為被賦予了「領導者」這個角色，
你才能看到不同風景，擁有更多能實現的事情。
這同時也是一個促進自我成長的寶貴機會。
接下來，將會透過幾位資深女性領導者的案例，
與大家分享一些幫助你「再踏出一步」的思考方式。

有幹勁的話，就勇敢舉手吧！

如果你有想法，卻不說出口，對方是無法理解的。

有些公司會安排與主管討論職涯規劃的機會，或設有申報個人志向的制度。但即使沒有這些制度，我們也應該在平常就主動表達自己的想法與期望。

為什麼要主動說出來呢？因為身邊的人可能會出於「好意」，自作主張地幫你決定職涯方向。

舉個例子，Y女士在某家電信公司工作，從育嬰假回歸職場後的面談中，主管就對她說：「現在讓妳升職，妳會不會覺得困擾呢？」

接著又補了一句：「妳小孩現在才一歲吧？那麼幾年後再讓妳升職、薪水提升，時間點應該剛剛好吧？」

Y女士心裡卻想著：「孩子的事我會處理好，其實現在升職也沒問題啊……」但因為不夠有自信，並沒把這些話說出口，只是附和了主管。

她後來說：「其實我真的很希望工作表現受到肯定，但我當時不敢說出自己想升職。總覺得像我這樣的人，哪有資格講這種話。我以為，只要默默努力，主管一定會看到，然後就會替我做決定。」

幾年後，Y女士透過學習自我啟發，終於意識到：**「如果不說出來，別人是無法理解你的想法的。」**於是她在一次與主管的面談中，明確地表達了「我想升職」的意願。

主管聽完後大吃一驚地說：「原來妳是這樣想的啊！」而她過去的表現本來就受到上層肯定，因此接下來的升遷也進展順利。

這類情況其實屢見不鮮。就像第三章（第九十五頁）所提過的例子，有一位女性明明很有意願接受外派海外的工作，卻被公司擅自判定「她有家庭，應該不可能接受海外單身赴任」，結果連問都沒有問，她就這樣錯失了這個機會。

她後來懊悔地說：「如果有人問我，我是願意去的啊……早知道就先表明立場了。」

麻煩的是，周遭的人其實並沒有惡意，甚至是「出於體貼」才這麼做的。

我們自己是否也曾不自覺地用「因為是男性」、「因為是女性」、「因為有小孩」、「因為年輕」、「因為年紀大」這些框架，來替別人下判斷呢？

在價值觀愈來愈多元的今天，已經不是那種「不說也能懂」的時代了。不要再猶豫，請從平常就開始，主動表達自己的想法與期待吧！

Tips

平時就要主動傳達自己的想法。

成為領導者後，視野會更寬廣、視角也會更高遠

成為領導者後，與高階職位及經營層互動的機會將隨之增加。例如，會議中與高層同席，並有更多機會直接聆聽或回應他們的意見。同時，所能接觸到的資訊量也會相應擴大。透過這些經驗，**往往能開啟過往未曾察覺的視角。**

過去在一次研習課程中，我參與了一項以「提出對公司之建言」為題的專案，當時獲得了來自經營層的親自指導。我原先所提出的建議，主要只侷限於自身部門能執行的範圍。

然而，經營層建議：「不妨將視角延伸至企劃、開發等產品製造的上游流程。」若要從上游重新檢視工廠的環境對策，就必須深入瞭解企劃與開發部門的業務，並思考其在改善措施中可發揮之處。為此我主動與各相關部門聯繫，並請他們分享運作流程與具體看法。

經營層更從各個角度提出問題，例如：「這項建議對整個公司會帶來什麼效果？」「實施

與否會產生哪些風險？」等等。這些提問有助於我們從宏觀角度思考，在回答的同時，我感覺到自己的思維高度也提升了。

此外，隨著與其他部門領導者之間的聯繫與交流日益頻繁，彼此對各自業務的理解也愈加深入。這樣的互動常常帶來「原來還能這麼思考」的全新發現。**建立橫向的溝通管道後，各部門間的合作也變得更加順暢，促進了整體業務的協同與效率。**

同時，身為「公司的門面」，領導者有時也會代表公司出席外部的交流活動。這類對外接觸，不僅是拓展人脈的契機，更是接觸多元觀點、吸收新知的寶貴機會。將從外部所獲得的見聞與啟發帶回團隊，不僅能激發團隊夥伴的思考，也有助於提升整體的士氣與創造力。

總的來說，成為領導者後，將有更多機會接觸過去未曾踏足的領域與思維模式。這不僅是個人成長的契機，更能進一步推動整個團隊向前邁進。

Tips

學習吸收自己原本沒有的觀點。

每一份工作，都是探索人生的實驗室

「工作是人生的實驗室。」

這句話來自於在能源相關企業工作的M女士。當時她即將退休，回顧自己超過三十年的職場生涯時這麼說：

「在我們的人生中，工作所占的時間比重非常大。正因如此，我認為工作是個可以讓自己挑戰與嘗試的舞台。經過多方嘗試之後，再決定下一步要怎麼走也不遲。」

我也有類似的體會。不僅是那些我主動爭取的工作，**許多由他人委派的任務中，其實也蘊藏了讓我深入認識自我的重要線索。**

回顧過去接受的各項工作，雖然其中確實包含一些瑣碎的事務，但並非所有工作都是任何人都能勝任的。

有些工作正是因為看重我個人的特質與潛力，才交由我來執行。這些經驗不僅豐富了我的視野，實際開始後，我也發現自己意外地能夠掌握，有不少工作正是因此喜歡上的。

即便是如第三章所提到的，因為我是女性而被指派的工作，例如：向參觀工廠的小學生介紹工廠運作方式、在市民講座中擔任講者等。起初我也認為自己不擅長在眾人面前發言，然而實際嘗試後，卻意外發現這樣的經驗相當有趣。

當然，我也曾因為無法清楚傳達內容而感到挫折，但同時也有聽眾高興地回饋我：「妳講得真的很清楚，謝謝妳！」這樣的反應讓我開始思考，要怎麼做才能讓對方更有收穫、更開心呢？這種思考過程變得愈發有趣，最終那些原本被動接受的任務，也逐漸轉變為我主動想投入的工作。

此外，當時為了「如何更清楚地傳達訊息」而投入的各種嘗試與努力，也成為我現在工作方式的重要基礎，對我的職涯發展產生深遠的影響。

正因如此，**即使一開始覺得提不起勁，我還是希望你能抱持：「搞不好會變成我喜歡的工作呢？」的心情，先試著做一次看看。**

當然，也會有做了之後發現「還是覺得不適合」的情況。那也沒關係，因為你已經確認「這類工作不適合我」，這本身就是一種收穫。反倒是如果還沒試就先下定論說「我不行」、「這不適合我」，就會**錯失瞭解自己潛能的機會，那才是真正可惜的事。**

成為領導者後，你可能會被要求用與過去不同的方式來進行工作，過程中也可能會遇到挫折與迷惘。但請把每一份工作都當成一次「實驗」，多多嘗試不同經驗。你從中體驗的事、感受到的東西、思考過的內容，最終都會成為你獨一無二的寶貴資產。

Tips

即使是不太想做的事，也不妨試著做一次看看。

在原本超出自己能力的角色中逐漸成長

每年四月、五月，街頭常會看到剛進入公司的社會新鮮人。他們穿著筆挺的西裝，卻還略顯生澀，一眼就能認出是菜鳥。然而，只要再過幾個月，他們的舉止就會自然許多，變得更加穩重。

沒錯，人是會成長的。即使一開始略顯不安與生澀，終將逐漸展現出應有的風采。

M小姐任職於一間資訊科技公司，就曾分享過其經歷。隨著職位晉升，她所負責的團隊人數增加，工作方式和與夥伴的互動模式也隨之改變，這讓她曾一度感到迷惘。

她回憶：「雖然知道自己應該提出對未來的願景，但當時我連自己真正想做什麼都不清楚，也無法對自己有信心。

當團隊夥伴問我：『為什麼會做這樣的判斷？』時，我常覺得自己無法給出充分的理由。現在回想起來，當時可能是太執著於『一定要講得很正確』這件事了。」

後來，M小姐開始積極地與團隊夥伴對話，並向客戶請教意見。在這樣的交流過程中，她慢慢能夠更有信心地表達自己的想法，並且開始感覺「自己逐漸追上了領導者這個角色所要求的高度」。

我自己也有類似經驗。剛開始擔任領導者時，總覺得自己離大家對我的期待還有很大差距，甚至懷疑自己是否真的能勝任這個角色。然而，隨著我一步步與每一位團隊夥伴真誠互動、逐一解決眼前的課題時，這樣的差距也逐漸縮小。直到有一天，我開始感受到自己與這個職位漸漸契合。

事實上，正因為「這個角色對現在的自己來說還有點吃力」，才更有成長的空間。一開始難免會感到不自在，甚至容易將注意力放在自己還不夠好的地方。但請不要灰心，持續思考「為了眼前這些夥伴，自己還能多做些什麼？」並身體力行。在將來的某一天，你必定會發現，自己已經不知不覺地與這個角色完美契合了。

向公司大膽提出建議

拿起本書的讀者中，或許很多人並非想「非得成為領導者不可」。但是，也許正因為你對職位本身沒有強烈執著，反而更能做出一些突破性嘗試，比如向公司提出大膽的建議。

有些對「職位」特別執著的人，會把部長、課長等職稱視為一種上下階級。他們若一心想晉升，就容易只看上頭的動向來行事。

即使心中覺得有些制度或做法不對，也會擔心多說一句可能影響自己的升遷路線，而選擇閉嘴不言。在這樣氛圍下的職場環境，對誰都沒有好處。

我曾訪談過一些女性領導者，**比起執著於自己的職位與升遷，她們將目光放在團隊、顧客與公司的未來上。**

例如，有人為了員工的成長與公司的長遠發展，主動提案讓下屬跨部門輪調，累積更全面的經驗；有人面對情緒起伏大、常對下屬出言苛刻的部門主管，竟直言：「你這樣一再打擊下屬，對公司究竟有什麼好處？」勇敢地表達立場。

還有一位女性領導者在新公司任職時注意到：「那位女性明明很有能力，為什麼一直只是男性的助手？」她感受到公司內部的性別不平等，便寫信向社長表達這個疑問。

這些女性並非什麼特別堅強的人物。**她們的行動力，並不是為了自身利益，而是來自於「想為某個人做點什麼」的那份心意。**

當然，即使提出建議，也不代表事情能立刻改變。但若什麼都不說，就沒有人能理解你的想法。正因為你現在已經站上可以發聲的位置，請不要猶豫，將日常感受到的疑問，以及那些「若是這樣做應該會更好」的想法，坦然地提出來。不是以「女性的意見」，而是以你「個人的觀點」，堂堂正正地說出來。

Tips

把「想為某人付出」的心意，化為你行動的原動力。

擁有打造
更好工作環境的能力

正如第二章所述，職場環境中往往潛藏著各式各樣令人感到不便的小問題，例如來源不明卻根深蒂固的潛規則，或是長期未被檢討的低效率作業流程。

我們經常在不知不覺中選擇接受這些問題，認為「這就是現實」、「大概也沒辦法改變吧」，甚至未曾意識到自己其實正默默忍受著種種不合理。

即使內心偶爾浮現「如果能這樣改變應該更好」的想法，當處於非主管職、僅是團隊中的一員時，往往難以鼓起勇氣將這些聲音說出口。

然而，當你身為一位領導者時，情況就有所不同了。也將有更多機會與部門主管、甚至公司高層直接對話。

因此，首先請你試著收集那些「這樣做會不會更好呢？」的想法，再進一步傾聽團隊夥伴、客戶等相關人士的意見。

當然，其中可能會出現短期內難以實現的點子，但**重點不在於「能不能做到」，而是瞭解同事與員工真正的需求。**如果一開始就否定說「那是不可能的」，漸漸就會導致之後誰都不敢再提出任何建議。

掌握這些意見之後，請進一步思考，這項提案對公司會帶來什麼具體效益？尤其是需要預算、修訂制度的提案，必須明確呈現其對企業的實質好處。

比起籠統地說：「這個方案將會提升作業效率。」更有效的方式是提出具體數據，例如：「原本需時五十分鐘的作業，可縮短為30分鐘。」又或者指出這項變革將有助於「降低離職率」、「提升徵才吸引力」等，連結到公司當下面臨的課題，就更容易獲得支持。

另外也要**注意提案的受益對象不要過於侷限**，如只讓「女性」或「有小孩者」受惠。

比方說，某公司曾接獲女性員工提出，希望延長「育兒短時間工時制度」的適用期間。

公司以此為契機，重新檢視相關規定，並進一步擴大適用對象，將制度修訂為同時能支援育兒與照顧長輩等家庭照護責任的員工，使其成為更具包容性的支持措施。

作為領導者，在傳達下屬的建議時，不應只是照單全收地轉述，而**應以更宏觀的視角思考：「要如何調整，才能讓更多人因此受益？」**

當提案被採納之後，也別忘了向公司表達感謝，並回報實際成效，例如向公司說明實施後帶來的改變。這不僅能讓決策者感受到成果，也有助於你未來更順利推動其他改善建議。

身為新的「領導者」，公司期待你能為團隊注入新血。並非因為你是女性，而是因為你是新一個站上這個位置的人，期待你能看見過去被忽略的問題。

請把握這段仍懷抱「新鮮視角」的時期，整理那些讓你產生疑問的事物，勇敢地化為具體建議，付諸實行吧。

Tips

從解決那些細微卻持續的「職場不便」開始。

選擇讓自己「有點退卻」的事，才能帶來成長

當你面對選擇時，通常是依據什麼標準來下判斷呢？

人們常說：「猶豫不決時，就選擇讓你感到興奮的那一個吧。」那麼，這裡所說的「興奮」到底是什麼意思呢？或許很多人會認為，那是指「自己喜歡、覺得有趣的事情」。

但我認為，所謂的「興奮」更接近一種在開啟未知之門時，心中所帶點忐忑的期待感。

那是一種「有點害怕」、但又對未來可能性充滿好奇的複雜心情，就像在玩遊戲時即將邁入下一關，既緊張又期待的感覺。

當你聽到別人對你說：「要不要試試看？」你立刻回應：「我很想試！」「我有信心能做到！」時，這表示你心中其實已經清楚知道該怎麼做，對結果也大致有預期了。

即使那是一件自己從未經驗過的新挑戰，你也不會退卻，毫不猶豫地迎上去，因為那仍屬於你熟悉的「安全範圍」內。

相反地，當你心中出現：「我真的做得到嗎？」「我沒有什麼自信……」的念頭時，往往是因為你對結果無法掌握。也許會成功，也許會失敗，但又不至於完全做不到。這種「有點怕、有點不安，但又想知道這樣做會帶來什麼改變」的心情，我覺得正是所謂「興奮」的本質。

或許現在的你，剛成為一位領導者，也正處於這樣的心境中。

「自己的變化」即一種「成長」。如果只是重複那些你已經有自信、本就做得來的事，其實不會有太大的成長空間。

反之，面對那些讓你覺得「不知道自己能不能做到」的事情，才正是成長的契機。即使最後的結果是做了但沒成功，也比完全沒嘗試好得多。因為**「嘗試過的自己」與「什麼都沒做的自己」，兩者之間有著巨大的差距。**

當你鼓起勇氣，走出屬於自己的舒適圈、推開那扇門往前邁進，眼前就會出現嶄新的相遇與全新的世界。

今後你還會不斷面對「通往下一階段的門」。當你站在門前猶豫不決、想著「我做得到嗎？該怎麼辦？」的時候，現狀是不會改變的。

這時，請把自己想像成角色扮演遊戲的主角，當「下一道門」出現在面前時，就勇敢地打開吧！

Tips

打開出現在眼前的「門」吧！

如實接納自己的思考慣性

曾經有一次，我參加了一場在公司外部舉辦的工作坊，主題是「找出屬於自己的領導風格」。

當中有一個小組活動，每組由五到六人組成，進行一項需要在規定時間內完成的任務——推理出「某座小鎮中八位人物的關係圖」。每位參加者會拿到一張寫有部分角色資訊的卡片，但這些資訊都是片段式的，而且每個人拿到的內容也都不同。

這個活動其實相當困難，大家一邊整理資訊、一邊討論，最後仍舊沒能找出一個明確答案。

其實，這個活動的目的並不是要得出正確解答，而是透過專注投入這個過程，觀察自己在思考與行動上的「真實反應」，進而瞭解自己本來的樣貌。

像我在活動中，就出現了這樣的行為模式——我心想：「如果一次把手上的資訊全部講出來，可能會讓大家更混亂。」於是選擇只提出與當下討論最相關的部分，或者將複雜的資訊整理成圖表再分享。

透過活動進一步觀察自己，我還發現另一個傾向：「一旦我覺得資訊已經收集得差不多，就會想要自己一個人靜下來思考，靠自己的力量推導出答案。」這背後，其實藏著一種「我想提出正確答案，獲得大家稱讚」的心理動機。

這就是我思考上的「慣性」，也是我個人的「特性」。

以前的我，可能會因此自我否定，認為我這樣的人應該不適合當領導者吧。但現在我改變想法了。

我認為，只要瞭解「原來我有這樣的特性」，就已經足夠。沒必要強迫自己去「改變」或「修正」，因為這正是屬於我的樣子。當然，**這並不表示完全照著本性行動就好，而是要能因應不同時機和情境，適度調整與拿捏這些特性。**

換句話說，「我雖然是喜歡靠自己解決問題的類型，但現在既然擔任領導者，就先把這個傾向收一收，善用自己其他優勢，來履行領導者的角色」，這樣的心態轉換就很重要。

比方說，像我這樣的人，也有善於「整理資訊」，和「將複雜情報轉化為簡單易懂內容」的特性。這些能力，同樣能幫助我扮演好領導者的角色。

不要用「因為怎樣就很好」或「因為那樣就不行」這種「非黑即白」的標準來評價自己，而是試著如實地接納自己。

當然，有時也需要面對自己那些不太願意承認的特性。但如同本書第三十三頁所說的，一旦換了不同的情境或角色，那些原本看似負面的特質，也可能搖身一變，成為對團隊有幫助的能力。

請從認識自己開始，瞭解自己有哪些思考慣性與特性，進一步自己思考決定——什麼時候要發揮？什麼時候該收斂？

Tips

思考如何善用自己本來就擁有的特性。

成為一個能夠提供挑戰機會的人

一位從東京返鄉轉職到地方工作的女性，分享了她的經驗。她的新公司中女性管理職比例偏低，據說連社長自己也很在意這點，曾透露內心的煩惱：

「雖然我想提拔女性進入管理層，但很多人都不願意接受。大家都說自己不想出風頭。」

我自己也住在郊區，所以時常聽到類似的故事。如果女性比丈夫更早升職，可能會遭受來自周遭的負面眼光，甚至連她們自己本人都不太願意。

我也曾擔心過，擔任管理職後，會不會在新公司好不容易建立起來的同事關係中產生隔閡。

為什麼會出現這樣的想法呢？我想，那是因為我用「階級關係」的觀點來看待升職，覺得自己彷彿變成比同事地位還高的人，因此老是擔心：「我真的能勝任這個職位嗎？」「大家會怎麼看我呢？」

但當我開始擔任團隊的領導者，與團隊夥伴互動、理解他們的想法，並陪伴他們一起成長的過程中，我本身也慢慢得到了成長。

最重要的是，我深深體會到——**「不是為了自己，而是為了他人」這件事，蘊藏著極大的力量。**

如果只是為了自己，我可能會輕易放棄，想說：「算了，沒差吧。」但一旦是為了他人，就會讓我湧現「想試著做到」的強烈念頭。這對我而言，是一個重大的發現。

正如本書多次提到的，所謂領導者，是一個在組織中被賦予的「角色」。一旦離開這個組織，你就只是個普通人而已。所以，當領導者不代表你是「出風頭的人」，也不是「比丈夫地位更高的人」。

這些，都是我直到後來才體悟的事——當視角從「為了自己」轉變為「為了他人」時，我的「自我認知」也產生了變化。

當有人問你：「你是做什麼的？」你會怎麼回答呢？

我過去在職場時，會回答：「我是某某公司某某部門的課長。」像這樣以公司名與職稱來介紹自己。然而，「我是課長」這種自我定義，反而變成了一種壓力，會有我必須有「課長該有的樣子」這樣的心理負擔。

我在第五章中提過，人的邏輯層次分成六個階段（見第一五〇頁），其中「自我定義」對應於金字塔上層的「身分」。

當我將自己定義為「我是課長」時，就會受「課長應該怎樣」的信念所束縛。為了彌補自己領導力不足而焦慮，甚至試圖獨力扛起所有責任。

而這樣的結果，就是造就了我剝奪團隊夥伴成長的機會。而如此的環境，其實是我自己營造出來的。

但是，當我的自我認知轉變為**「我是那個給予夥伴挑戰機會的人」**時，就像翻動黑白棋一般，我的思維方式與行動便開始轉變，團隊的氛圍也隨之一變。

當我開始思考要如何幫助大家成長時，就會進一步思索：「為了實現這個目標，我能提供什麼資源與機會？」

實際上，我開始將工作交給團隊夥伴負責，甚至將失敗視為整個團隊的共有經驗後，便逐漸湧現出許多「能做的事」與「想做的事」。就這樣，我一步步建立出一個有助於團隊所有人成長的環境。

你是誰？你為誰而做什麼？請趁此機會好好思考看看。

同時，最重要的是，請先學會領導自己，勇敢地給自己挑戰的機會吧！

Tips

決定好為誰而做，目標為何。

後記

我沒有育兒的經驗，但曾在二十五歲結婚時辭去工作，當過一段時間的全職家庭主婦，三十一歲時才重回職場。恢復單身後，我便與一般男性一樣全力投入工作；曾為了拓展工作領域而轉職，也曾獨自一人決定到中國工作。

一直以來，我都隨著自己的心意行動，未曾受任何事情束縛。正因如此，對於談論「女性職涯」，尤其是常被提及的「事業與家庭平衡」，我並沒有切身體驗。

因此，我曾一度認為：「像我這樣的人，是否有資格談論女性的職涯與領導力呢？」即使在開始撰寫這本書，乃至寫作的過程中，也時常感到猶豫不安：「真的可以由我來寫這本書嗎？」

讓我放下這份猶豫的，是現任獨立行政法人國立女性教育會館理事長——萩原夏子女士的一句話：「所謂的『女性』並非單一類型，女性本身就存在著多樣性。」

已婚與未婚、

有孩子的與沒孩子的、

曾想要孩子卻未能如願的……

每個人都有不同的處境，也都值得被接納。

這句話讓我心中一陣清明，也讓我明白：「原來一直沒有真正承認『女性本身多樣性』的人，其實是我自己。」

這一刻，我終於打從心底這麼想：「我就是我。雖然沒有一邊育兒一邊工作的經驗，但可以誠實地分享自己親身經歷過的成功與失敗。」

同時，我也向在各種工作環境中的女性請教了她們的故事，並在書中介紹了這些寶貴案例。

如果這本書能成為你釋放內心不安的契機，讓你由衷地覺得「能擔任領導者的角色真是太好了」，那將是我莫大的喜悅。

最後，在本書撰寫過程中，有許多人給予我寶貴的協助。

我要衷心感謝松尾昭仁先生與大澤治子女士，是你們給了我出版的契機；也要感謝日本實業出版社的安村純編輯，從書稿企劃到成書過程中不斷給予我悉心的建議與支持。

此外，感謝接受訪談的每一位人士，曾在我任職公司時關照我的前同事們，還有一直以來給我鼓勵與指導的所有朋友，在此一併致上謝意。

最後，最重要的是——

衷心感謝你，願意拿起這本書並讀到最後。

謝謝你願意陪我走到這裡。

深谷百合子

〈参考文献〉

『新しいリーダーシップ　集団指導の行動科学』三隅二不二　ダイヤモンド社
『事故と安全の心理学：リスクとヒューマンエラー』三浦利章・原田悦子編著　東京大学出版会
『解決志向の実践マネジメント』青木安輝　河出書房新社
『ＮＬＰコーチング』ロバート・ディルツ、佐藤志緒訳、田近秀敏監修　ヴォイス
『人を覚醒に導く史上最強の心理アプローチ　ＮＬＰコーチング』ロバート・ディルツ、横山真由美訳、足達大和監修　GENIUS PUBLISHING
『組織のパフォーマンスが上がる　実践ＮＬＰマネジメント』足達大和　日本能率協会マネジメントセンター
『脳をだますとすべてがうまく回り出す』三宅裕之　大和書房

【作者簡介】

深谷百合子

研修講師／合同公司「Guwen」代表。畢業於大阪大學，曾任職於索尼與夏普，負責工廠環境保全業務。2006年，成為夏普龜山工廠首位女性管理職，帶領約40名男性部屬。然而，由於無法順利勝任工作，曾一度苦惱於何謂真正的領導力。在試圖支持因壓力而萎靡不振的部屬時，逐漸找到屬於自己的領導方式。2013年起，擔任部門主管，參與中國國有企業的設廠計畫。之後正式轉職至中國國企，擔任動力運行部的技術部長，負責培育約100名中國籍部屬。目前以「改善職場溝通」為主要主題，從事企業內訓與公開課程講師工作。著有《懂得精準觀察，就能清晰表達》（平安文化出版）。
官方網站：https://guwen-fukaya.com/

給女性主管的成長筆記

找出專屬領導風格，女力帶出好團隊！

出　　版／楓葉社文化事業有限公司
地　　址／新北市板橋區信義路163巷3號10樓
郵政劃撥／19907596　楓書坊文化出版社
網　　址／www.maplebook.com.tw
電　　話／02-2957-6096
傳　　真／02-2957-6435
作　　者／深谷百合子
翻　　譯／廖玠淩
責任編輯／邱凱蓉
內文排版／洪浩剛
港澳經銷／泛華發行代理有限公司
定　　價／420元
初版日期／2025年9月

國家圖書館出版品預行編目資料

給女性主管的成長筆記：找出專屬領導風格,女力帶出好團隊! / 深谷百合子作；廖玠淩譯. -- 初版. -- 新北市：楓葉社文化事業有限公司, 2025.09　面；公分

ISBN 978-986-370-846-9（平裝）

1. 領導者 2. 組織管理 3. 職場成功法 4. 女性

494.2　　114010794